1년 동안 학교를 안 갔어!

아들과 훌쩍 떠난 세계일주 1년
아빠가 들려주는 삶의 지혜

1년 동안 학교를 안 갔어!

초판 2쇄 발행일 2017년 6월 14일
초판 1쇄 발행일 2017년 4월 14일

글·사진 백은선
펴낸이 양옥매
디자인 남다희
교　정 조준경

펴낸곳 도서출판 책과나무
출판등록 제2012-000376
주소 서울특별시 마포구 방울내로 79 이노빌딩 302호
대표전화 02.372.1537　**팩스** 02.372.1538
이메일 booknamu2007@naver.com
홈페이지 www.booknamu.com
ISBN 979-11-5776-417-4(03980)

이 도서의 국립중앙도서관 출판시도서목록(CIP)은 서지정보유통지원 시스템
홈페이지(http://seoji.nl.go.kr)와 국가자료공동목록시스템
(http://www.nl.go.kr/kolisnet)에서 이용하실 수 있습니다.
(CIP제어번호 : CIP2017008812)

아들과 훌쩍 떠난 세계일주 1년, 아빠가 들려주는 삶의 지혜

1년 동안 학교를 안 갔어!

글 · 사진 백은선

책과나무

나의 아들아, 행복이 너의 것이길
우리가 함께 했던 1년처럼

이 시대의 프렌디를 꿈꾸는
아빠들을 위해

김유곤 PD ｜ tvN 프로듀서
MBC 일밤 〈아빠! 어디 가?〉 外 다수

1년간 학교를 안 갔다는 책 제목도 놀랍거니와, 그 1년간 초등학생 두 자녀와 세계 여행을 했다는 말을 듣고 더더욱 놀라움을 감출 수 없었습니다. 〈아빠! 어디 가?〉를 촬영하는 동안 조금이라도 한눈을 팔라치면 아이들이 고삐 풀린 망아지처럼 뛰노는 통에 금세 아비규환이 되어 버린 현장을 많이 보아 왔기 때문입니다.

사실 촬영하면서 느낀 사실이지만, '시골 여행'이라고 하면 어른들은 막연히 '불편하겠다'는 생각을 먼저 하는데, 아이들은 다른 시각으로 봅니다. 공간도 넓고 우르르 뛰어다닐 수 있어 좋아합니다. 그런데 어른들이 '춥고 지저분하고 힘들다'라고 이야기하면 아이들도 그런 시각을 좇아오게 되어 있습니다. 그런 어른들의 시선이 주입되기 전에, 아이들은 새로운 환경을 낯설어하고 불편해하지 않고 호기심으로 바라봅니다.

이 책은 그런 면에서 매력적입니다. 철저히 아이들의 눈높이에서 세상을 바라보고 이해합니다. 처음 만나는 외국인과 직접 부딪치면서 아이들에게 언어의 매력과 시도의 중요성을 스스로 일깨워 주게 합니다. 처음부터 완벽한 것은 없습니다. 아이들과 함께 하나하나 해결해 나가는 동안 지혜를 배우고 스스로 터득하게 합니다. '친구 같은 아빠'인 '프렌디(Friendy)'가 되고자 고군분투하는 모습이 한결 더 매력적으로 다가옵니다.

세상은 점점 가족 중심으로 되어 가고 있습니다. 사회적 성공이나 성취는 힘들어진 세상 속에서 아빠의 역할도 변해 가고 있습니다. 기존의 아버지라는 이미지, 가족을 이끄는 가장의 모습보다 아이와 친구처럼 어울리는 아빠가 부상하고 있는 이때, 이 책은 그러한 가치관의 변화를 잘 반영하여 아이들을 바라보는 새로운 시각과 매력적인 교육법을 담고 있습니다.

육아라는 것은 지속적인 노력과 관심이라는 점에서 연애와 닮아 있습니다. 그런데 육아에는 아이를 인도해야 한다는 점이 추가되는 만큼 연애보다 더 어려운 일이라고 할 수 있습니다. 그렇게 어려운 것을 또 해내는 저자는 길다면 길고 짧다면 짧은 이 1년이라는 시간 동안 아이들에게 어떠한 선물을 안겨다 주었을까요?

이 책이 이 시대의 프렌디를 꿈꾸는 아빠들에게 선물이 되길 바랍니다.

반복되던 일상과 잠시 이별하기,
얻은 것이 더 많았던 1년간의 충전 여행

2014년 가을, 20년 가까운 직장 생활에 지쳤을 즈음 예상치 못한 사십춘기가 찾아왔다. 회사에도 가기 싫었고 집에도 있기 싫었다. 모든 걸 뒤로하고 훌쩍 떠나고 싶었다. 아내에게 1년 동안의 세계 일주를 위한 휴가를 요청했다. 며칠간의 협상 끝에 아이들을 데리고 가는 조건으로 승낙을 얻었다.

막상 어린 아들 둘을 데리고 1년 동안 여행할 생각을 하니 엄두가 나지 않았다. 여행 관련 다양한 카페 및 블로그를 섭렵하고, 이미 세계 일주를 경험한 선배들도 만나면서 4개월간 차근히 준비를 해나갔다. 새 학기가 시작되기 얼마 전에는 아이들 학교에도 알리러 갔다. 선생님들은 멋진 계획이라며 응원해 주셨다. 그러나 아이들은 1년간 장기 결석 처리될 예정이라고 하셨다. 1년간 학교 밖에서의 배움이 더 크리라는 믿음을 갖고 과감히 서류에 사인을 했다. 그래서 아이들은 1년 동안 학교를 안 갔다.

우여곡절 끝에 출발한 세계 일주. 첫 번째 목적지로 삼은 인도에서부터 고비가 왔다. 다양한 기후와 풍토병이 있는 나라를 대비해 처방받고 먹은 약의 부작용 때문에 저승사자와 면접을 해야만 했다. 다행히 불합격이었다. 고맙게도 두 아들 녀석들은 내 컨디션과 상관없이 언제나 즐거워했고 잘 적응했다. 아들들과 세계 일주를 하는 동안 정말 행복했지만 사실 힘들지 않았다면 거짓말이다. 24시간 중 오롯이 나만을 위해 쓸 수 있는 시간은 1시간도 없었다. 지금 생각해 보면 우리 삼부자가 떠난 1년은 결국 아내의 휴가가 아니었나 하는 생각이 들었다. 조만간 아내와 애들을 멀리 보내야겠다.

한국에 멀쩡하게 살아서 돌아왔다. 삼부자 모두 고생은 했지만 몸도 마음도 커졌다. 그리고 일상으로 돌아왔다. 아들에게 삼부자가 함께 공유한 '소중한 경험'과 '세상을 살아가는 데 필요한 지혜'를 얘기해 주고 싶어 이 책을 썼다. 함께 여행했던 것처럼 여전히 행복하다. 그래서 또 떠나고 싶다.

2017년 4월

백 은 선

목차

6 · 추천사
　　이 시대의 프렌디를 꿈꾸는
　　아빠들을 위해
8 · 프롤로그
　　반복되던 일상과 잠시 이별하기,
　　얻은 것이 더 많았던 1년간의
　　충전 여행

1.
아시아

01 인도 (India)
16 · 아빠랑 세계 여행 갈래?
20 · 첫날부터 돈을 빌리다
24 · 침대 칸 기차
27 · 아빠! 한국 사람이에요!
33 · 첫 번째 교통사고
37 · 멋진 메헤랑가르 성 집라인
41 · 1,000루피짜리를 200루피에
47 · 채식 도시, 푸쉬카르
50 · 이 녀석이 저 녀석에게
　　영어를 가르치기 시작하다!
54 · 인생 역전
58 · 화려하고 완벽한 균형미
63 · 힌두교의 성지, 바라나시
67 · 사람 타는 냄새
72 · 버스터미널에 쓰러진 삼부자

02 네팔 (Nepal)
76 · 'No problem'은 'problem'!
79 · ABC 트레킹을 포기하다
84 · 내리막길 사고
87 · 에베레스트를 보며 골프 라운딩
92 · 마술 친구
95 · 비행기가 취소됐어요

03 미얀마 (Myanmar)
100 · 어느 깜깜한 밤
104 · 스쿠터를 타고 바간을 즐기다
109 · 벽돌을 만들다
114 · 환상적 트레킹

04 라오스 (Laos)
119 · 최고의 만찬

05 태국 (Thailand)
122 · 대낮의 사고

06 우즈베키스탄 (Uzbekistan)
127 · 실크로드 타슈켄트

2.
유럽

07 프랑스 (France)
138 · 유럽 캠핑
142 · 200유로면 됩니다
145 · 악! 자동차 테러

08 룩셈부르크 (Luxembourg)
151 · 쉼표를 찍다

09 벨기에 (Belgium)
157 · 설거지 담당
161 · 브뤼헤의 336계단

10 네덜란드 (Netherlands)
165 · 안네 프랑크의 은신처
170 · 고흐에게 사랑을 느끼다

11 체코 (Czech)
175 · 프라하의 보리피리

12 독일 (Germany)
179 · 세계 최고 국립박물관
183 · 온몸으로 만난 태양

13 오스트리아 (Austria)
186 · 사운드 오브 뮤직
192 · 갑자기 터진 울음
197 · 아들이 사라졌다

14 슬로베니아 (Slovenia)
203 · 캠핑장의 천국

15 슬로바키아 (Slovakia)
210 · 100일 기념 사치

16 폴란드 (Poland)
216 · 이승보다 저승이 가까운 곳
219 · 오지도 않을 버스

17 크로아티아 (Croatia)
224 · 에어비앤비
227 · 이름 없는 해변에서
꿈같은 시간을

18 마케도니아 (Macedonia)
232 · 아빠가 미쳤다

19 이탈리아 (Italy)
236 · 삼촌 그리고 한식

20 그리스 (Greece)
240 · 그리스 로마 신화와 아테네에
빠지다
248 · 세상의 중심, 옴파로스

3.
아프리카

21 케냐 [Kenya]

256 • 아프리카 봉사 활동

260 • 100년이 넘은 골프장

263 • 아프리카 초원을 달리다

22 탄자니아 (Tanzania)

269 • 폴레 폴레 눈 덮인 킬리만자로

280 • 잠보♬ 하쿠나 마타타♪

23 잠비아 (Zambia)

285 • 2박 3일 55시간

294 • 앤드류와 함께한 하루

4.
북아메리카

24 미국 (Unites States of America)

300 • 세계에서 가장 큰
보잉 비행기 공장

304 • 미국 3대 캐년

307 • 작은 도시의 불청객

311 • 세계 최대의 테마파크,
디즈니월드

25 캐나다 (Canada)

318 • 밴프 스프링힐스에서 사고 치다

5.
남아메리카

26 콜롬비아 (Colombia)

324 • 소 울음소리

326 • 푼토 버거 하나로 사랑에 빠지다

27 에콰도르 (Ecuador)

332 • 오랫동안 함께한 DSLR 카메라

335 • 몬타니타의 서핑

28 페루 (Peru)

339 • 잉카의 고대 공중도시에 서다

345 • 버스 대신 비행기로

29 볼리비아 (Bolivia)

348 • 생애 최고의 일몰

30 아르헨티나 (Argentina)

355 • 세계에서 가장 아름다운 서점

359 • 아빠는 요리사

370 • 여행을 마치며
　　　오늘 하루 한바탕 웃음으로 살자

374 • 에필로그
　　　10대 자녀를 둔 부모님께

1. _아시아

India • Nepal • Myanmar • Laos • Thailand • Uzbekistan

아빠랑 세계 여행 갈래?

"찬형아! 승빈아! 아빠랑 세계 여행 갈래?"

"세계 여행이요? 우와, 좋겠다!"

"좋겠지? 그런데 많이 걸으니 힘들 수도 있고 가끔은 많이 아플 수도 있을 거야."

"얼마 동안이요?"

"1년 정도?"

"아빠, 그런데 학교는요?"

"그만두고 나중에 다시 열심히 다니면 되지! 그리고 여행 도중에 잠깐씩 아빠랑 공부해도 되고."

"그래요, 좋아요! 함께 가요! 재미있겠다!"

"근데 엄마는요?"

"음…. 엄마? 엄마는 함께하기로 했는데 회사일 때문에 우리 삼부자를 열심히 응원해 주신대!"

"에이~ 함께 가면 좋은데!"

"대륙별로 중간중간에 함께 여행할 수 있으실 거야!"

▲ 삼부자의 든든한 고생 배낭

　이렇게 우리는 세계 여행을 시작했지. 찬형아, 승빈아! 우리
는 살아가면서 항상 학교든 회사든 모임이든 가족이든 평생 어
떤 그룹에 속해진 채 살게 마련이야. 그리고 그러한 모임(특히 학
교나 직장)에 속해 있다 보면 많은 생활을 그곳에 맞추어서 살게
되고, 하고 싶은 것이 있어도 미루게 되거나 금방 잊어버리기
십상이지. 그러다 보면 진정한 너를 잃고 살아갈 수도 있단다.
그래서 너희들이 정말 하고 싶은 것이 있다면, 작은 것부터라도

▲ 세계 속으로 출발!

깊게 고민하고 생각한 날 바로 시작하길 바라. 그러한 습관이 들게 되면 어떤 그룹이나 조직에 있어도 심리적 방황 없이 너의 개인적 행복을 만끽하면서 살 수 있을 거야!

이번에 함께한 세계 여행도 시작은 쉽지 않았지만, 그럼에도 불구하고 시작을 했기에 결국 잘 마칠 수 있었단다. 아빠 직장, 너희들 학교, 여행 비용, 다른 나라의 안전 문제, 여행을 끝낸 후의 일정 등 많은 장애물들이 있었지만 시작에 초점을 맞추고 일단 시작했기 때문에 이렇게 큰 경험을 잘 할 수 있었다고 본다. 그냥 막연하게 생각만 하고 매번 상상 속에 있었다면, 아마 별다른 변화 없이 이전과 똑같은 나날을 보내고 있겠지.

오늘부터는 너희들과 하루 24시간을 온전히 함께하는 시간이다. 아빠도 이제까지 살면서 그 어떤 누구와도 경험하지 못한 것인데, 너희와 함께해서 너무 기쁘고 행복하구나. 떨린 가슴으로 비행기를 타고 우린 인도로 향한다. 환승을 위해 잠시 들른 방콕 공항에서 언제 다시 기회가 올지 모르는 편한 소파와 좋은 음식을 즐기고 우리의 첫 번째 목적지인 인도 뭄바이에 그렇게 도착했지. 아빠도 많이 긴장했는지 가는 내내 비행기에서 한잠도 잠을 못 자고 여전히 여행 준비에 바빴단다.

인도를 간다고 했을 때, 많은 사람들이 걱정해 주면서 여행 일정에서 제외하라는 조언을 해 주었지. 그래도 아빠는 너희 둘을 믿고 '힘들어도 잘 버티겠지.' 하는 믿음으로 첫 번째 여행지로 결정했단다. 아빠 친구 덕분으로 공항에서부터 아주 괜찮은 게스트하우스까지 큰 문제 없이 첫날을 마무리했지. 약간은 두려움이 있는 신비의 나라, 인도! 이제 즐기는 일만 남았구나.

아! 그런데 어쩌지? 더운 날씨 탓에 갈증이 나서 출처가 불분명한 물을 아무 의심 없이 습관처럼 그냥 마셨는데…. 내일은 무사할까?

 간절히 하고 싶다면 바로 시작해라!

근데 아빠가 자꾸 더 생각하라고 하시잖아요?

첫날부터 돈을 빌리다

아침 일찍 일어나 아빠는 너희들의 아침 식사를 챙기기 위해 아무것도 모르지만 용감하게 인도 사람들이 살아가는 거리로 나선다. 게스트하우스가 있는 아파트를 나오자, 완전 다른 세계가 펼쳐지더구나. 그래도 가장 큰 상업도시의 중심부라 조금 다를 줄 알았는데 환경이 이루 말할 수 없이 열악했어. 여기저기 돌아다니는 소와 다른 동물들이 배설한 흔적들이 아주 많았지. 가까운 식당을 갔는데, 냄새도 이상한데다 음식 모양과 위생은 아

빠를 더 힘들게 했지. 말도 통하지가 않는데, 더 큰 문제는 현지 돈이 하나도 없다는 것이었단다. 어젯밤에 늦게 도착하는 바람에 공항에서 깜박 잊고 환전을 못했던 탓이지.

　돈이 없어 아무것도 할 수 없는 상태라 환전부터 하기 위해 땀을 흘리며 급하게 뛰어다니기 시작했어. 그런데 은행을 여러 군데 찾아가 보았지만, 현지 계좌가 없으면 환전이 안 된다는 거야. 그렇다고 해서 포기할 수 없어서 영어를 조금 하는 여직원에게 손짓, 발짓, 눈빛으로 애원하다시피 해서 500루피(원화로 만 원)를 빌리는 데 성공! 내일 오전에 어떤 일이 있어도 갚겠다고 굳게 약속하고 급하게 집으로 돌아가 너희와 함께 우리들 여행의 첫 아침을 전통 음식인 사모사(한국의 만두 정도에 해당되는 아주 흔한 인도 음식)로 해결했지. 찬형이 넌 나름 괜찮다고 잘 먹었고, 독특한 향으로 인해 잘 먹지 못한 승빈이가 거의 남기는 바람에 찬형이가 다 먹어 버렸지. 아마 찬형이 몸무게가 늘어난 건 세계 여행 둘째 날인 오늘부터가 아닐까 싶어.

오늘 아침에 아빠는 어제 해야 될 환전을 못해 아침부터 힘들게 땀 흘리며 뛰어다녀야만 했어. 전날 일정이 바빠서 해야 될 일을 깜빡 잊게 되면, 바로 이렇게 힘든 일이 생긴단다. 우리가 가장 중요하게 생각하는 아침을 못 먹을 수 있는 상황이 발생할 뻔했으니 말이야. 그래서 항상 매일 할 일을 아침에 정해 놓고(To do list) 그날 모두 진행하는 것이 좋지. 그리고 목록에 있는 일을 할 때는 생각나거나 상황이 되면 미루지 않고 바로 하는 것이 너희들의 하루를 편하게 하고 다음 날도 편하게 할 수 있는 비결이란다.

이와 관련하여 아빠가 예전에 자동차를 이용해 약속 장소로 가는 동안 겪은 일화를 들려줄까 해. 전날 자동차에 휘발유를 채워 넣었어야 했는데 결국 하지 못한 채 아침에 출발하게 되었지. 가는 길에 주유소는 많으니까 언제든 주유를 할 수 있다고 믿었던 것이 잘못이었어. 첫 번째 주유소를 보았는데 가격이 너무 비싸서 지나치고 됐고, 두 번째 주유소는 기다리는 줄이 너무 길어서 지나치게 되었단다. 그리고는 세 번째로 보이는 주유소를 가려고 했는데 급하게 약속 장소가 변경되어 고속도로를 타게 되었고, 급유 불이 들어왔지만 짧은 거리라 가능

▲ 세계 여행의 첫 아침 식사

하다고 보고 그냥 가다가 결국 차가 서고 말았어. 그로 인해 약속도 지키지 못하고 쓰지 않아도 될 시간과 돈만 낭비한 후 큰 교훈을 얻었지.

아들아, 내일 필요한 것은 미루지 말고 오늘 준비하면 매일매일이 편하단다.

 내일 필요한 것은 꼭 오늘 준비해야 후회가 없다.

오늘 필요한 것은 오늘 하는 것 아닌가요?

침대 칸 기차

　우리는 매일 새로운 약속을 만들거나 지키며 이 세상을 살아
가고 있어. 너희들에게 여행하기 전에도 항상 강조한 것 중에
하나이기도 했지. 약속 지키는 것도 습관이라 약속만 잘 지키면
서 생활한다면, 너희들이 어디에 속해서 어떤 일을 하든 인정받
으면서 잘 보낼 수 있을 거야.

　어제 힘들게 빌린 돈 덕분에 우리는 무사히 하루를 잘 마칠 수
있었지. 그분에게 돈을 갚는 것이 오늘의 해야 될 일 중 첫 번
째란다. 친절을 베풀어 준 그분에게 약속을 지키지 못해 실망을
안겨 준다면, 한국인이나 또 다른 외국인에 대한 불신으로 인해
앞으로 어려움에 처해 있는 누군가를 만나더라도 도움을 주지

▲ 기차에서 하는 맛있는 식사

않게 될 거야. 그래서 아빠도 꼭 기억하고 노트북과 포스트잇에 적어 두어 제일 먼저 친절하게도 현지 돈을 빌려준 ICIC뱅크에 가서 돈을 갚고, 10시에 클럽하우스 카페의 외상도 갚았지.

그리고 나서 어제 너희들이 택시에 두고 온 선글라스를 찾으러 Gate of India까지 다녀왔단다. 앞으로는 배낭 등 너희들 개인 소지품에 조금만 더 신경을 써서 잃어버린 일이 없도록 하면 좋겠구나. 자기 물건을 스스로 잘 간수하는 것이 우리의 돈과 시간을 절약할 수 있다는 길임을 늘 명심하길 바란다.

무더웠던 뭄바이를 잘 마무리하고 오늘은 부사월로 이동하는 날. 역에 도착해서 표를 구하는데, 인도 현지말로 소통이 안 되다 보니 이리저리 뛰어다니면서 표를 구하느라 옷이 흥건히 젖을 정도로 땀을 흘렸지. 오후 3시 10분 출발, 저녁 11시 도착으로 간신히 기차를 예약했어. 인도에서의 처음 타는 기차라 에어컨이 있는 침대 칸으로 예약했지. 나중에 알게 되지만, 모두 부질없는 것이 침대 칸인 듯싶다. 더위에 지친 너희들에게 에어컨 침대 칸은 너무나도 좋고 시원한 놀이터였어. 하지만 시원함과 편안함도 잠시뿐, 몇 개 역을 지나자 그냥 아무나 밀고 들어와서 우리 모두를 힘들게 했지. 심지어 쥐도 마치 승객인 것처럼 자연스럽게 여기저기 지나다닐 정도였어. 다행히 너희들이 동물들을 너무 더러워하거나 무서워하지 않아서 힘들지 않게 이동할 수 있어 고맙다는 생각이 들었단다.

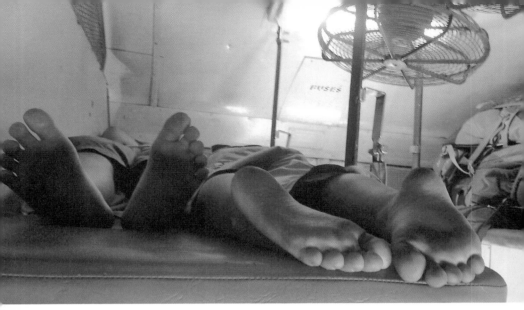

▲ 좁은 3층 침대에서 함께 숙면. 발은 씻고 다니는거니?

부사월에 도착했을 때는 거의 자정 무렵. 숙소를 구하기 위해 배낭을 메고 여기저기 한참을 다니는 동안 승빈이 넌 배낭이 무거워 힘들다고 처음으로 불평을 했었지. 앞으로 저 배낭의 무게를 잘 버틸 수 있을지…. 안쓰럽기도 하지만 그 모습이 눈물 나도록 귀엽고 장하고 예쁘구나.

 약속을 했으면 꼭 지켜야 나중을 기약할 수 있단다.

그 약속을 항상 어떻게 기억하죠? 방법이 있어요?

아빠! 한국 사람이에요!

찬형아, 승빈아! 우리는 사람을 통해서 진정한 세상살이를 배울 수 있단다. 아빠가 좋아하는 『논어』에 나오는 구절이 있지.

子曰, 三人行必有我師焉 擇其善者而從之 其不善者而改之
자왈, 삼인행필유아사언 택기선자이종지 기불선자이개지

공자께서 말씀하시길 "세 사람이 길을 가면 반드시 나의 스승이 있으니, 그중에 선한 자를 가려서 따르고, 선하지 못한 자를 가려서 자신의 잘못을 고쳐야 한다."라고 하셨단다. 어디에서 누군가를 만나든 배워야 한다는 것으로 어떤 만남이든 허투루 보내서는 안된다는 것이란다.

오늘도 우리는 우연히 한국분을 만나서 한국에 대한 향수도 달래고 즐거운 시간을 보낼 수 있었지. 다행히 너희들이 적극적으로 인사하고 아는 척을 해서 더 좋았단다. 사실 아빠도 나이가 들어감에 따라 새로운 사람과 소통하는 것이 예전 같지 않게 소극적이게 되는 것 같아. 너희 때는 어떤 장소에서 누구를 만나든 모두 스승이 될 수 있고 인생의 좋은 멘토가 될 수 있기에 새로운 사람 만나는 것을 두려워하지 말고 만남을 적극적으로 갖길 바란다. 어떤 사람을 만나도 배울 만한 것이 반드시 있음을 믿고 새로운 사람을 대한다면 큰 자산이 될 거야. 그 새로운 만남 덕분에 우리는 좋은 한국식당도 알게 되어 풍요로운 만찬도 가졌고 '미얀마'라는 예정에 없던 나라에도 가게 되었지.

"아빠! 한국 사람이에요!"

"어디? 정말 한국 사람이야?"

"맞아요! 제가 사람은 조금 알아본다고요!"

"안녕하세요!" 하며 찬형이가 먼저 큰 소리로 한국분에게 인사를 건넸던 기억이 생생하구나. 여행하면서 처음 보는 한국 사람이었지. 그분도 우리를 너무 반가워하셨어(아마도 한국 사람이고 애들이라서). 우린 서로 오랫동안 알아 왔던 사람처럼 서로 반가워했지. 6개월째 아시아를 여행하고 있다는 멋진 아저씨. 나도 반가워했지만 너희들도 너무 좋아라 해서 한참을 얘기하고 여행 정보도 주고받으며 시간을 보냈지. 그 친구로부터 미얀마와 라오스의 값진 정보도 얻었고 말이야. 인연이 되려는지 숙소도 가까워서 저녁도 함께할 수 있었어. 식당 이름은 인도와 전혀 어울리지 않는 장미 식당! 좋은 한국 사람과 함께한 한국 음식이 더없이 좋았단다. 너희는 그분에게 간단한 마술을 배우며 더 즐거워했었지. 아직 여행 초반인데도 한국 사람이 좋고 한국 음식이 좋다는 것을 새삼 느낀 하루였어.

오늘은 어제 본 아잔타 석굴과 비슷한 불교사원의 엘로라석굴 투어를 하고 왔지. 게스트 하우스 주변 여행사를 알아보니 1,800루피(36,000원) 이상을 요구해서 그냥 로컬 버스를 타고

▲ 편한 가마로 석굴 투어하는 여인. 부럽다.

천천히 다녀오기로 한 우리는 지도 한 장 들고 중앙 버스 터미
널까지 걸어가서 온갖 손짓 발짓으로 간신히 표를 구할 수 있었
어. 많이 지저분한 터미널 의자에 앉아서 기다리는데, 많은 인
도 현지 사람들의 눈이 우리 삼부자를 뚫어져라 쳐다보거나 조
금 적극적인 사람들은 우리에게 와서 뭐라 질문까지 했지. 참으
로 난감하고 부담스러웠단다. 승빈이 너는 특히 남으로부터의
과한 시선을 힘들어하는 것 같아.

  가는 길도 쉽지가 않았어. 주변 환경도 그렇지만, 버스의 모

▲ 불가사의한 엘로라 석굴 사원

든 공간까지 구겨 넣은 듯 정말 많은 승객들에 비포장의 먼지까지…. 그 많은 먼지 속에서 음식을 팔고 또 사서 잘 먹는 인도 사람들이라니! 한 번씩 정차하는 곳에서는 더 탈 공간도 없는데 부채꼴로 사람들이 서로 타려고 달려들어 얼마나 놀랐는지 몰라. 희한한 것은 그 사람들이 또 버스에 모두 탄다는 거야.

　그 광경을 지켜보고 있노라니, 문득 아빠 어렸을 적 버스 타던 시절이 생각났어. 등교할 때는 많은 학생들이 한 버스만을 타야 해서 출입문 외에도 모든 유리창문으로도 뛰어서 타곤 했지. 우리 셋은 자리가 없어서 서서 가다가 밀려 밀려서 결국 운전석까지 밀려났어. 내렸을 때, 우리 삼부자는 먼지를 뒤집어쓴 거지 같았단다.

　그렇게 어렵게 엘로라에 도착한 후 투어가 시작되었지. 2000년 전부터 만들기 시작한 석굴로 약 34개의 cave가 있는데, 의미 있는 16개 정도만 둘러보았다. 그중에서도 특히 16번 카르나 사원이 압권이었지. 불교·힌두교·자이나교 등 3대 종교예술이 함께하는 신전인데, 16번 굴은 힌두교 석굴이란다. 너희는 이 모든 석굴이 고대의 호텔과 식당으로 보인다며 다양한 인물 설정과 장소 설정으로 마냥 즐겁게 떠들며 놀더구나. 역사적이고 종교적인 장소이기에 무엇인가 배우기를 바랐지만, 신전을 무대로 새로운 상상력으로 노는 것도 괜찮아 보여서 나 또한 그냥 너희들의 놀이에 그렇게 빠진다.

사람 만나는 것을 두려워하지 말고 적극적으로 다가서라.
새로운 경험을 하게 된단다.

아빠처럼 아직은 얼굴이 두껍지 못해서…

첫 번째 교통사고

너희들에게 여행하면서 또는 일상생활에서도 항상 자주 얘기한 것이 하나 있는데 기억나니? 그건 바로 필요하거나 원하는 것이 있다면 일단 얘기하라는 것이다. 많은 사람들이 자신의 경험 및 선입견과 '안 될 거야'라는 부정적인 생각 때문에 시도조차 해 보지 못하고 돌아서는 경우들이 아주 많이 있단다. 이와 관련해서는 이미 너희에게 책으로도 알려 준 랜드 포시의 〈마지막 강의〉가 좋은 예가 될 것 같구나. 대부분 많은 부분이 감동적이었는데, 아빠는 그중에서도 아빠와 똑같은 모토이면서 가장 가슴에 와 닿았던 것이 "일단 물어보라."는 구절이었다.

여행 내내 아빠는 아빠만의 이러한 철칙을 지키려고 애를 썼고, 그 요청들이 이루어지는 것도 너희는 많이 보았을 것이다. 최고급 호텔이든 인도의 작은 식당이든 유명 관광지에서의 입장이든 요청하면 70% 이상은 거의 이루어진 셈이지. 오늘도 승빈이가 갑자기 알파몰에 가서는 "아빠 힘든데 여기서 하루 종일 쉬면 안 되나요?" 했을 때, 일단 물어보라는 법칙을 잘 실행하는 것 같아서 일정 등 할 것이 있었지만 흔쾌히 "그러자, 그럼."이라고 대답했지. 물어봐서 절대 손해나는 경우는 없는 만큼, 하고 싶고 필요하면 꼭 물어보는 습관을 가졌으면 한다. 물건을 사고 서비스를 받을 때도 철칙으로 삼으면 도움이 많이 된단다. '밑져야 본전이다'라는 속담이 있듯이 하고 싶은 것을 요청하거나 가능성을 물어보는 것은 항상 남는 장사라는 생각을 품었으면 좋겠어. 일단 물어보고 요청해라!

우리는 지금 아메바다드에 있다. 새벽에 도착해서 한참을 돌아다닌 후에야 간신히 호텔에 체크인 할 수 있었지. 이곳 아메바다드는 다른 도시와 다르게 호텔에서 외국인을 받으려면 인증이 있어야 한단다. 다행히 고생한 덕분에 시내가 한눈에 시원하게 보이고 햇빛도 잘 들고 큰 공원도 가깝고, 인도 학생들이 공부하는 모습도 볼 수 있는 학교도 가까이에 있는 좋은 곳에 머무르게 되었어. 시내투어를 하러 나갔는데 더운 열기, 습기 그리고 먼지 때문에 지쳤던 우라는 시원하고 현대식 빌딩이라는 알파몰로 향했지. 하지만 알파몰로 가는 길, 세계 여행의 첫 번째 자동차 사고를 당하고 말았어. 작은 로터리에서 우리가 타고 있는 릭샤와 다른 릭샤가 정면으로 충돌한 거야. 찬형이가 튕겨져 나갔는데, 다행히 크게 다치지는 않아서 사고가 수습되기만

▲ 활기찬 아메다바드 아침 ▼ 삼부자의 첫 번째 교통사고

을 기다렸지. 다른 릭샤 운전사 등 주변 사람들이 도와준 덕분에 수리를 마치고 무사히 몰에 도착할 수 있었어. 앞으로 위험한 이 나라에서는 차를 타거나 길을 걸으면서도 항상 주변을 신경 쓰며 더 조심하도록 하자.

몰에 도착해서는 긴장도 하고 힘이 들었는지 승빈이가 "아빠, 그냥 여기서 하루 종일 쉬는 게 어때요?"라고 제안을 했지.

▲ 〈일단 얘기하고 요청해라〉를 실천하여 얻은 즐거운 시간

아빠는 고민을 하긴 했지만, 우리는 모든 일정을 취소하고 그냥 쉬기로 한다. 너희들이 실내의 작은 놀이공원에서 마음껏 놀 때, 아빠도 시원한 쇼핑몰에서 모처럼 쉴 수 있어서 좋았단다.

　아들아! 언제든지 너희들이 필요하면 물어보고 요청해라! 생각보다 많은 것들을 얻을 수 있을 거야.

 원하는 것은 일단 얘기하고 요청해라.

　　　그러면 아빠가 대부분 들어주시는 거예요?

멋진 메헤랑가르 성 집라인

오늘은 너희들이 태어나서 처음으로 새로운 어드벤처를 직접 경험해 보는 날이다. 『톰 소여의 모험』이라는 소설, 잘 알지? 그 소설을 지은 마크 트웨인이라는 미국 소설가가 했던 말인데, 무엇인가 새로운 도전을 할 때 도움이 될 것 같아서 얘기해 줄게. 너희들의 미래를 위해서는 '하지 말아야 할 것'이 아닌 '무엇을 어떻게 할 수 있는가'에 더 가치를 두고 살아갔으면 좋겠구나. 아빠 역시 지금까지 살아오면서 어려운 일이 있거나 중요한 의사결정을 해야 할 때 이제까지의 많은 경험으로부터 그 해결책을 찾았던 것 같아.

지금부터 20년 후에, 당신은 해서 후회할 일보다
하지 않아서 후회할 일이 더 많을 겁니다.
그러니 당장 멀리 나가 꿈을 꾸고 탐험하고 발견하세요.

– 마크 트웨인 (Mark Twain)

마크 트웨인뿐만 아니라 많은 사람들이 제안한 것처럼 무엇인가 탐험하고 경험하는 것은 재미있는 삶을 위한 첫 단추라는 생각이야. 오늘 이곳 인도 조드푸르에서의 집라인(Zip-line)을 하자고 했을 때 너희들은 한결같이 이런 반응을 보였지.

"아빠! 너무 무서울 것 같아요! 떨어지면 어떡해요?"

▲ 조드푸르 동네 친구들

"왜 꼭 이렇게 무서운 것을 비싼 돈을 주고 해야 되요?"

"그냥 안전하게 성만 둘러보고 가요!"

물론 아빠도 어린 시절에 그런 경험이 있었으니까 너희들의
그런 마음을 잘 알지. 하지만 인생에는 항상 첫 번째가 있게 마
련이고, 그 많은 첫 번째를 통해 진정한 네 자신이 만들어진다
고 믿는다. 긴장하고 무서워했지만 너희 둘 다 첫 도전을 오늘
잘 완수해서 칭찬해 주고 싶구나!

"축하한다! 찬형아! 승빈아!"

오늘은 아침에 여유가 있어 한국에 계신 할아버지 할머니와
통화를 할 수 있었어. 여전히 두 분 다 너희들과 아빠 걱정을 많
이 하시더구나! 그런데 아빠는 우리보다 할머니 할아버지의 건

강이 더 걱정이야. 항상 두 분의 건강을 기도해 드리자꾸나.

오전에는 게스트 하우스에서 편하게 쉬다가 오후에 오늘의 하이라이트인 집라인을 타러 나갔지. 집라인은 특이하게 세계문화 유산인 메헤랑가르 성안에 설치되어 있었지. 비용은 인도 물가에 비해 꽤 높은 편이란다. 너희들은 3만 원씩, 아빠는 3만6천 원으로, 인도 온 이래로 가장 큰 비용을 지출한 날이기도 하지. 가격 협상을 해보았지만 업체에서 정해 놓은 가격이라 실패하고, 대신에 예약한 오믈렛 스토어에서 점심을 공짜로 먹을 수 있었어. 가격 협상을 할때 A가 안 되면 B를 깎거나 또 다른 C를 얻을 수 있도록 이번 오믈렛 사례를 생각해서 적극적으로 요청하는 습관을 들였으면 좋겠구나.

맛있는 오믈렛과 함께 이 지역에서 유명하다는 프루트 비어(진짜 비어는 아닌 과일 음료)로 든든하게 배를 채웠지. 그곳에서 알게 된 프랑스인 배낭 여행자와도 서로 정보를 주고 받으면서 삶과 여행 얘기로 한참을 보냈단다. 그 친구는 다시 성에서도 만나고 나중에 유럽에 갈 때도 많은 도움을 받게 되었고 말이야. 역시 사람은 많이 알면 알수록 나도 도움을 받고 또 도와줄 수도 있어서 좋으니, 사람 만나는 것에 적극적이었으면 좋겠다.

드디어 집라인을 타는 시간. 다양한 국적의 10여 명과 함께했지. 총 6개 코스로 구성되어 있고, 각각의 길이와 난이도도 80미터에서부터 310미터까지 다양했고 말이야. 승빈이 넌 어린데도

▲ 메헤랑가르성에서 즐기는 집라인

적극적으로 해 보고 싶은 의지를 가지고 아주 재미있어 하며 잘 타더구나. 찬형이 너는 처음에는 무서워했는데 2단계부터는 차츰 즐기면서 잘 타더니 모든 단계를 끝냈는데 또 타자고 했었단다. 기회는 아직 많으니 다른 도시나 나라에서 새로운 것에 도전해 보자. 새로운 흥미로운 모험 세계에 들어온 것을 환영한다.

 새로운 것은 두려움 없이 도전하라!

한번 하고 나니 다음 번에도 도전할 수 있을 것 같아요.

1,000루피 짜리를 200루피에

멋진 메헤랑가르 성 투어 전에 너희를 위해 아주 편안한 아라
비안 팬츠를 구입했어. 구매 과정을 너희들도 잘 보아 알겠지
만, 여러 집에서 가격을 확인한 후 마지막에는 아주 힘든 협상
을 거쳐 돈을 지불했단다. 너희들이 앞으로 무엇인가를 사고자
할 때는 제일 먼저 여러 집을 돌아다니면서 대략 얼마 정도인지

▲ 똥싼 바지 쇼핑 중

를 파악해야 하고, 그 나라나 도시의 물가를 감안해야 한다. 여기 인도는 상대적으로 한국보다 물가가 저렴하지. 그러니 한국 수준으로 물가를 맞춰 물건을 구입하면 현지 물가 대비 아주 비싸게 사게 되고, 고생해서 번 돈의 가치를 낮추는 실수를 범할 수 있으니 주의가 필요해.

가게 주인들은 처음에 개당 600루피나 700루피를 불렀지. 분위기 확인 차원에서 대충 깎아 달라고 하니 500루피나 450루피를 부른 가게들도 있었단다. 아빠는 여러 가게를 둘러본 후 그나마 양심적으로 보이는 가게에 들어가서 협상을 다시 시작했어. 2개면 기본적으로 1,000루피인데 얼마에 샀는지 기억하지?

"아저씨, 또 왔어요. 이 바지 얼마까지 주실래요?"

"다시 왔고 애들이 귀여우니 400루피에 싸게 줄게!"

"에이, 더 낮게 부르는 가게도 있었는데…. 조금 더 깎아 주세요!"

"오케이, 그럼 370에 가져가!"

"그래도 여전히 비싼데요?"

"그럼 얼마에 사고 싶어? 말해 봐!"

"아저씨가 꼭 팔아야 되는 최소 가격을 먼저 말씀해 보세요!"

"음…. 300에 가져가! 이게 마지막이야."

"우리가 하룻밤 방세가 200인데…. 하나에 100씩 해서 200에 주세요!"

"2개에 200? 그건 너무하잖아!"

"가능하시잖아요? 불가능하면 다른 곳 들렀다 나중에 다시 올게요!"

"아니, 한 번 더 생각해 봐! 조금만….."

"그럼 2개 포장해 주세요!" 하면서 받고서는 200을 주고 "감사합니다." 하고 나왔지! 아저씨도 더 이상 다른 말이 없이 고맙다는 인사만 하더구나.

많은 상점들은 처음에 가격을 높게 부르고 나서 얼마에 사고 싶으냐고 묻곤 해. 이럴 때에 절대 너희들은 먼저 얼마에 사고 싶다고 말해선 안 돼. 꼭 말하고 싶다면 최초 가격의 10%나 20%를 부르거나 너희들이 알고 있는 가격의 최저가보다 조금 낮게 불러 보는 것이 좋아. 가능하면 기다리고 더 낮게 요청한 후, 주인 입에서 가격이 내려가게 해야 해. 일단 너희들 생활 기준으로 300루피로 사고 싶다고 가격을 말한다면, 300루피 이하로는 절대 그 옷을 살 수 없단다. 그러면 주인이 적당히 협상해서 340루피나 350루피에 너희들은 최종적으로 값을 지불하면서 "와! 싸게 잘 샀다!"라고 생각할 거야. 앞으로 협상에서는 이런 조언을 잘 생각해서 너희들의 돈을 조금 더 가치 있게 사용할 수 있기를 바란다.

아주 좋은 흥정으로 구입한 멋있는 아라비안 팬츠를 입고 오늘은 외부가 아주 멋있어 보이는 메헤랑가르 성을 구경했지. 너희가 그 옷을 입으니 많이 귀엽고 편해 보여 좋았어. 성안으로

▲ 새로 구입한 아라비안 팬츠를 입고 메헤랑가르성 입구에서

입장하니, 아주 편한 한국어 보이스 가이드가 구비되어 있었어. 덕분에 아빠가 따로 힘들게 가이드를 하지 않아도 되니 부담이 줄어 한결 편안하게 관람할 수 있었단다. 너희들은 흥미를 가지고 아주 재미있게 각 오디오가 설명해 주는 곳에서 열심히 잘 들었지. 총 33개 사이트가 있고 대부분 역사 이야기 및 설명이지만, 새로운 이야기여서인지 꽤나 흥미로워 하는 모습이었어.

큰 바위산 위에 어떻게 저렇게 크고 섬세한 하나의 왕국을 건설할 수 있었는지 불가사의라는 생각이 들었어. 성이 밖에서 보

이는 것보다 내부가 훨씬 더 컸고, 특이하게도 성안에서는 밖을 내다볼 수 있는 곳이 제한적으로 몇 군데뿐이었지. 우리나라 경복궁 전체를 저 높은 곳에 그냥 지었다고 보면 이해하기 쉬울 거다. 그리고 성안에는 사원도 여러 개 있는데, 인도인들의 종교 생활은 복잡 다양하면서도 어딘가 모르게 또 질서가 있어 보이기도 하더구나. 아마도 그러한 수 많은 신을 믿는 종교 때문에 이러한 삶을 영위할 수 있을지도 모르지.

즐거운 투어를 마치고 돌아와서 게스트하우스에서 저녁을 먹다가 반가운 한국 사람을 만나게 돼. 그는 한 달 여행을 왔다가 인도가 좋아 현재 5개월째 여행 중이란다. 그리고 다음 달에는 네팔 포카라에서 장기간 둥지를 틀 계획이라고 전했지. 우리는 경험 많은 한국 사람에게서 여기저기 많은 정보를 얻어서 앞으로의 일정에 많은 도움을 받을 수 있었어. 그리고 나중에 그분과 네팔에서 다시 만나 좋은 인연을 계속할 수 있었고 말이야. 아빠도 어디든 원하면 머무를 수 있는 자유로운 영혼으로 살 수 있을까?

 물건 가격 협상 시에는 절대 먼저 가격을 말하지 마라.

와! 아빠, 너무하시네요!
근데 적당한 가격을 어떻게 알아요?

에피소드 1

찬형이의 첫 번째 협상

여행 후 어느 날 찬형이가 집으로 들어와서 바쁘게 아빠를 찾는다.

"아빠, 제가 드디어 네고에 성공했어요!"

"그래? 어디서 어떻게 한 거야?"

"친구들이랑 떡볶이 집에 갔는데요. 음식 값이 5천 원 나왔는데 여행하면서 아빠가 하셨던 것처럼 '천 원만 깎아서 4천 원에 해 주세요.'라고 했거든요. 그런데 아주머니가 그냥 오케이 하시는 거예요! 그냥 해 본 건데 성공하다니, 아주 기분 좋은 경험을 했어요."

"찬형아, 네 인생의 첫 번째 협상을 축하한다!"

에피소드 2

나무젓가락을 사기 위해 네 군데 문구점을 찾아다닌 승빈이

고무줄 총 만들기에 빠져 있는 승빈이가 어느 날 재료로 나무젓가락을 산다고 해서 1,000원을 주었다. 그런데 어쩐 일인지 생각보다 시간이 많이 걸린다.

한참을 지난 후에 집에 돌아온 승빈이는 조금 더 저렴한 나무젓가락을 사기 위해 문구점과 다이소 등 여러 군데를 확인하고 가장 좋은 가격에 파는 문구점에서 사느라 늦었단다. 하하, 기특한 녀석. 200원을 아끼기 위한 마음이 참 예쁘다.

채식 도시, 푸쉬카르

인도를 여행하다 보니 자꾸 '인간은 무엇으로 사는가?'에 대해 생각하게 되는구나. 그리고 '우리도 동물이다'라는 생각도 더불어 많이 하게 되는 것 같아. 아빠는 오늘 버스와 기차로 이곳 푸쉬카르로 이동하면서 차장 밖으로 보이는 많은 사람들과 살아가는 모습들을 보면서, 앞으로 아빠가 어떻게 살아가야 할지 그리고 너희들에는 어떻게 살라고 할지를 고민하면서 왔단다. 이렇게 학교를 그만두고 여행하는 것 자체도 다른 각도에서 보면 너희들이 많은 것을 잃을 수도 있을 것이란 생각이 들었어. 그럼에도 아빠는 이 시간들이 너무 소중하고 너희들에게도 평생 머리와 가슴속 깊이 각인될 것으로 기대한다.

여기 인도 사람들이 사는 것처럼 물질은 최소한으로 필요한 것만 갖추고 너희들이 하고자 하는 것에 매진한다면 정신적으로 풍요로워질 것이고, 물질도 어느 정도는 따라올 것이라 믿어 의심치 않아. 너희들이 커서 살아가는 그곳 환경에 맞게 그 당시 그날 너희들만의 삶을 열심히 살아간다면, 그곳이 인도든 케냐든 한국이든 에콰도르든 너흰 행복할 수 있을 거야!

많은 인도인들이 물욕 없이 현실에 안주하며 살아가는 듯한데, 특히 오늘 우리가 가는 푸쉬카르라는 작은 채식 도시는 더욱 그런 것 같아. 몇 시간을 계속 기차 창밖으로 보이는 인도 도

▲ 노점상으로도 충분히 행복하다는 현지인   ▼ 어디서나 동물도 같은 인간처럼….

시나 마을을 보면서 많은 생각들이 머리를 스치는구나. 여전히 동물의 천국으로 소, 염소, 돼지 등이 원 없이 자유롭게 사는 것 같아 신기해 보이기도 해. 인도 사람들은 꼭 있을 만큼만 그리고 필요한 만큼만 집이나 살림살이도 갖추고 사는 것 같아. 우리도 저들처럼 미니멀리스트가 될 수 있을까? 인도 생활이 더 익숙해질수록 물질만능주의 사회에 살고 있는 아빠도 인도가 제법 괜찮은 나라라는 생각까지 든단다. 자연과 주변 환경에 적응해 가고 종교와 자기 만족을 하며 사는 사람들이 편해 보이기까지 하는구나. 과연 어떤 삶이 조금 더 가치가 있을까? 너희에게 어떻게 살라고 하는 것이 좋을지 갈등이 생긴다.

아지메르를 거쳐 힌두교 성지인 푸쉬카르에 도착한 우리. 푸쉬카르는 창조의 신인 브라흐마를 모시는 사원이 있는 평화로운 작은 도시이고, 채식주의자의 천국이란다. 너희들은 고기를 먹지 못하니 실망스럽겠지만, 이런 도시의 생활을 경험해 보는 것도 많은 도움이 되지 않을까 싶어. 루프 탑의 식당과 전망이 좋은 시바 게스트하우스에 배낭을 내려놓고 주변 마실을 나간 거 기억나지? 인도 제일의 성호라는 푸쉬카르 호수에서 지는 해를 보며 물욕을 내려놓는 연습도 하고, 신성한 다리라는 가트를 맨발로 지나면서 평화로운 작은 마을 사람들도 만났지. 맨발로 걸으니 마음이 원초적으로 깨끗해진 느낌이고 왠지 창조의 신인 브라흐마에 조금 더 가까이 다가가는 느낌이 들었어. 도시의 전체적인 분위기 때문인지 욕심은 없어지고 마음도 한결 넉넉해진 기분이야.

아들아, 아직 어린 너희에게 마음의 부자만 되라고 말하는 것은 치열한 경쟁시대에 어울리지 않는 말 같지만 그래도 물욕보다는 먼저 마음의 부자가 됐으면 좋겠구나. 물질에 강한 욕심을 갖게 되면 이성적인 판단력이 약해지고 위험한 상황에 놓이게 되어 너희 본연의 모습을 잃어버릴 수도 있기 때문이란다. 요즘

시대는 이러한 물질적 욕망을 자극하는 인터넷과 같은 외부 환경에 쉽게 노출되어 물질과 마음의 균형을 맞추기가 쉽지 않을 거야. 그때는 아빠와 함께 여행했던 인도, 특히 푸쉬카르를 떠올리고 내면의 소리에 귀를 기울인다면 기분 좋은 균형을 맞출 수 있을 거란다.

 물욕을 비울수록 마음은 부자가 된다.

아직은 잘 모르겠어요.

이 녀석이 저 녀석에게
영어를 가르치기 시작하다!

우리는 푸쉬카르의 일정을 줄이고 이곳 자이푸르에 잘 도착했지. 아빠에게는 의미 있고 호수 주변에서 망중한을 즐기는 것이 좋았는데, 너희는 채식 도시라 고기를 먹을 수 없어서인지 빨리 다른 도시로 가자고 해서 이곳으로 오게 된 거야. 자이푸르는 담홍색을 띤 건물들이 많아 '핑크시티'라고 불리는 도시란다. Moon light palace 호텔에 가서 예약한 방을 보니 별로라서 조금 더 지불하고 방을 옮겼더니, 훨씬 넓고 깨끗하니 좋구나. 방의 인테리어나 분위기는 꼭 신혼부부를 위한 것 같아 조금 익숙지 않았지만, 모처럼 좋은 방에서 지낼 수 있어서 좋았어.

허기진 배를 루프 탑 식당에서 인도식 커리로 식사를 하고 쉬라고 했더니, 찬형이가 승빈이에게 영어를 가르친단다. 승빈이너는 원래 3학년부터 영어 교과 과정이 있어 수업을 받아야 하는 상황이지? 하지만 여행 중이라 학교 수업을 받지 못해 공부가 필요했는데, 형이 먼저 주도적으로 진행한다고 하니 대견스럽고 고맙다. 그런데 의외로 찬형이는 선생님처럼 기본부터 논리적으로 잘 가르치고 승빈이는 잘 따라 하더구나. 찬형이가 학교 수업을 잘 들었구나 하는 생각이 들었다. 둘의 모습이 얼마나 예쁘고 기특하던지 아빠 마음이 아주 행복해졌단다. 열심히 가르쳐 주고 배운 보상으로 저녁은 인도에서 보기 드문 피자헛을 쏜다! 비록 우리 하루 방값의 세 배나 되는 거금이었지만, 모처럼 너희가 원하는 메뉴로 저녁다운 식사를 행복하게 할 수 있어서 아빠는 무척 기뻤단다.

아들아, 학교 선생님을 떠나서 너희들이 만나는 많은 사람들은 나이를 막론하고 선생님이기도 하고 동시에 학생이기도 해. 이 말은 아직 너희들이 어리지만 누군가의 선생님이 될 수 있고 또한 학생이 될 수도 있다는 뜻이란다. 항상 배운다는 생각으로 사람들을 만나고, 선생님의 입장이 되면 최선을 다해 알려 주고 학생 입장일 때는 존중을 기본으로 하여 배움에 적극적으로 임하길 바란다. 오늘 찬형이가 승빈이에게 영어를 가르치는 것을

▲ 밝고 예쁜 자이푸르 아주머니들

보니 '벌써 많이 컸구나.'라는 생각이 들었고, 언제 그렇게 남을 가르치는 것을 배웠는지 마음 한편이 뿌듯했어. 평상시에는 둘이 서로 가끔 싫어하는 것처럼도 보이고 다투기도 하던데, 오늘보니 우애도 좋아 보이고 찬형이가 아주 친절하게 잘 지도해 주더구나. 정말 능력 있는 선생님처럼 보여 대견하게 느껴졌어.

우리들은 살면서 다양한 환경에서 많은 사람들을 만나지. 학교는 물론이고 학교가 아닌 곳에서도 사람을 만나고, 그 과정에서 어김없이 배움은 이루어진다. 너희들이 아빠에게서 자전거나 오토바이 타는 법을 배울 때는 아빠가 선생님이 되는 거고, 아빠가 승빈이에게 마인 크래프트를 배울 때는 승빈이가 선생님이 되는 거지. 찬형이는 역사와 사회에 조예가 깊어서 항상 아

▲ 잘생긴 인도인 사이에 못생긴 두 명은 누구?

빠의 든든한 선생님 역할을 하듯이 많이 공부하고 배우면 본인
의 지적 욕구가 채워지는 것은 물론이고, 기회가 되면 다른 사
람에게도 긍정적인 영향을 주거나 스승이 될 수도 있어 아주 큰
자산이 된단다. 항상 배우는 자세로 내일도 적극적으로 즐겁게
보내자!

 모든 사람은 누군가의 선생님이고 학생이다.

저도 선생님이 될 수 있는 거예요?

인생 역전

▲ 자이푸르 핑크시티

벌써 인도 여행한 지도 2주가 지나고 있구나. 다행히 2주 동안 우리 삼부자는 배탈 한번 없이 그리고 잃어버린 물건 없이 현지인에게 당하는 것 없이 잘 보내고 있다. 오늘은 핑크시티인 자이푸르 시내 주요 관광지를 돌아다니기 위해 오토 릭샤를 하루 동안 빌렸어. 전체적인 일정은 '자이푸르 박물관 – 핑크시티 – 암베르 포트 – 팰리스 무덤 – 핑크시티 – 사원'의 순서로 둘러보는 코스야. 먼저 콤보 티켓을 구매하려고 갔더니, 그냥 들어가라고 하는 것 같았어. 무슨 일인가 싶어 어렵게 수소문해서 알아보니, 오늘이 라자스탄 주의 생일이라 모든 관광지가 무료라는 거야! 기대하지도 않던 행운이라 우리는 매우 기분이 좋았지.

먼저 알버트 홀 박물관을 꽤 시간 들여서 보고 난 후 Hawa Mahal 궁전을 구경했어. 예전에는 꽤 번성했는지 궁전이 화려했고, 다양한 기능과 역할을 하는 정원들이 많았지. 다음 코스로 우리나라 첨성대 같은 잔타르 만타 천문대를 갔는데, 그 옛날 대리석으로 해시계와 측정 기구들을 어떻게 그렇게 잘 만들었는지 무척 신기했어. 우리나라 첨성대보다 훨씬 규모가 크고 더 다양한 천문 관련 유물들이 있었지.

마지막으로 자이푸르의 상징이라고 할 수 있는 가장 유명한 Amber palace로 향했어. 규모가 꽤 컸고 중국의 만리장성처럼

INFORMATION

Free Entry for Indian and Foreign Tourist in Hawa Mahal on the occasion of **"Rajasthan Day"** on 30 March 2015.

सूचना

30 मार्च 2015 को **"राजस्थान दिवस"** के अवसर पर हवामहल में भारतीय एवं विदेशी पर्यटकों का प्रवेश निःशुल्क रहेगा।

▲ 운수 좋은 날! 입장료 무료!

궁전과 그 밖의 도시를 포함한 외곽에 큰 성들이 있었지. 특히 궁전 지하 터널은 아주 시원해서 너희들이 아주 좋아했던 기억이 새록새록 떠오르는구나. 터널에서 나오다가 출구를 못 찾는 바람에 멀리 연결된 외곽 성까지 가게 되었는데 오히려 아주 좋은 구경을 하고 왔지. 가끔은 이렇게 전화위복처럼 실수와 잘못으로 인해 더 좋은 경험을 하게 되는 것이 여행의 묘미이지 않을까 싶어. 비록 많이 걸어서 힘은 들었지만 경치도 좋고 내려오는 다른 새로운 길에서 또 다른 궁전의 모습을 볼 수 있어서 우리는 아주 좋은 시간을 보낼 수 있었어.

호텔로 돌아와서 루프 탑에서 식사하고 우연히 호텔 사장인 Naim과 일정 및 기차 등을 얘기하다가 서로 인생 이야기를 하게 되었고, 두 시간 넘게 행복한 시간을 보냈지. 형제가 7명인 아주 가난한 집에서 자라고 릭샤 운전으로 지금 호텔까지 경영하게 된, 이곳에서는 아주 입지전적인 분이란다. 원리원칙에 충실하고 경제적으로 성공 후에도 변함없는 성격으로 부를 유지 및 성장한 스토리를 들으니 가슴이 뭉클해지면서 기분이 좋았어. Naim과의 대화 내용을 너희들에게 들려주니, 승빈이는 마음이 아프다고 울면서 그분에게 돈을 더 주라고 했지? 아빠는 배낭여행자이고 그분은 이제는 사장으로 부자이니 걱정하지 않아도 된단다. 대신 아빠는 너희들과 함께하다 보니 마음만큼은 아주 부자인 듯싶구나!

이렇게 여행 다니는 재미 중 하나가 새로운 사람을 만나서 또 다른 인생사를 들어 보는 것이란다. 이곳 자이푸르 핑크시티에서 운 좋게 만난 분이 우리가 머물렀던 호텔 사장님인 네임 (Naim)이었지. 말 그대로, 이름이 이름인 분이었어. 이분의 가장 큰 성공 요인은 신의를 지키는 것과 일관성 그리고 항상 공부를 열심히 한 데 있단다. 진심을 가지고 고객을 대하고 그러한 태도가 변함없다 보니 고객이 고객을 소개해 주고 릭샤의 단순한 운전사에서 통역사 역할도 하게 되고, 비즈니스 관련해서는 사람도 알선해 주다 보니 결국은 작은 비즈니스를 시작하게 되었다고 해. 현재까지도 아주 오래전의 고객들의 관계와 도움으로 호텔을 잘 운영하고 있고 중요 고객에게는 여전히 릭샤의 기사 역할을 하고 있다니 놀라울 따름이야. 초심을 잃지 않고 고객을 대하는 그 마음이 그분을 이 자리까지 이끈 게 아닌가 싶어. 특히 이제는 어느 정도 성공한 사람의 대열에 올라섰음에도 불구하고 여전히 검소하게 예전의 삶의 범주에서 벗어나지 않게 살고 계신 모습이 존경스러웠지.

아들아! 앞으로 너희들은 주변에서 실패한 사람들과 성공한 사람들 등 많은 사람들과 만나기도 하고 알거나 보게 될 거야! 너희들 스스로 목표를 가지고 열정과 의지로 열심히 사는 것도 중요하지만, 생활하면서 알게 되는 성공적인 삶을 살고 있는 분을 만나서 그분의 경험을 듣고 배운다면 시행착오를 줄이고 너희가 원하는 삶에 한 발 더 가까이 다가갈 수 있을 것이라고 생각해. 그러면 최소한 부자는 아니더라도 매일 행복하게 살 수 있는 열정과 의지를 몸에 익힐 수 있을 거란다.

 다른 사람의 실패와 성공을 교훈 삼아 내 것으로 만들자.

 눈물 나도록 감동적이고, 저도 할 수 있다는 자신감이 생겨요.

화려하고 완벽한 균형미

드디어 타지마할을 보는 날. 새벽 일출의 타지마할을 봐야 한다고 해서 5시 30분부터 일어나서 서둘렀어. 이제는 너희들도 여행에 적응을 해서인지 잘 일어나서 채비하고 나가는 모습을 보니, 이른 아침부터 마음 한편이 뿌듯해졌단다. 그런데 숙소에서 나가는 길이 온통 원숭이 똥 밭이다. 매일 이렇단다. 신기하기도 하고 더럽기도 하고…. 인도는 정말 동물과 어울려서 이렇게 사는구나 하는 생각이 들어. 이제는 익숙해진 탓인지 동물이 그냥 편하게 느껴져. 우리도 동물 중에 하나라는 생각을 하게 되고 말이야.

어제 예약한 오토 릭샤 드라이버와 함께 타지마할로 출발! 자

▲ 최고의 라면　▼ 아름다운 타지마할의 아침

이푸르 호텔 사장님과 이름이 같은 네임인 걸 보니, 인도에는
같은 이름이 생각보다 많은 듯싶었어. 아침 녘이라 아주 시원하
고 날씨도 최고여서, 향하는 동안 가슴이 더 설렜던 것 같아. 타
지마할 입구에 도착하니, 대부분이 유럽인들이였어. 입장료는
이제까지 인도 여행 입장료 중 가장 비쌌지만, 너희 둘은 입장
료를 내지 않아 그나마 다행이었어. 많은 사람들이 칭찬하고 감
동받았다는 타지마할. 그래서인지 한층 더 기대되는구나.

웅장하고 깨끗하고 넓고 상쾌하다. 어느 방향에서 보아도 완벽한 대칭을 보여 주는 현존하는 최고의 건축물이라지만 건축 자체보다는 타지마할 외부와 내부의 대리석에 우아한 꽃, 독특하고 아름다운 문양 등 섬세한 예술이 불가사의라고 생각될 만큼 아름답고 신비로움이 느껴졌어. 특히 타지마할 무덤의 뒤편으로 유유히 흐르는 자무나 강과 더 뒤편의 붉은색의 아그라 포트가 함께 어우러져 아름다움을 더했지.

지금은 인도의 대표적 이슬람 건축으로 유네스코 세계문화유산으로 지정되어 세계에서 많은 사람들이 찾아오는 명소이지만, 그 당시 타지마할을 지으려고 얼마나 많은 사람의 땀, 노력, 희생이 필요했을까 생각하니 또 다른 슬픔이 밀려오는구나. 세상의 모든 것에는 항상 양쪽 면이 존재한다는 것을 다시 한번 크게 느끼는 순간이야. 지금 우리가 하고 있는 세계 여행이 우리 삼부자에게는 큰 도움과 경험으로 값지기도 하지만, 생각지 못한 무엇인가를 잃어 가고 있을지도 모르겠다.

아침 일찍부터 눈이 호강하고 산책도 잘하고 셋이서 점프하는 사진도 열심히 찍었어. 우리는 건축물 자체보다 타지마할 전체 공간을 여유롭게 즐기며 시간을 보냈지. 배가 고파서 나오는데 '신라면'이라고 외치는 인도 식당이 있어서 그곳으로 들어간 우리. 그동안 너희들이 라면을 많이 먹고 싶어했었지? 심지어 '라면을 달라!'고 손을 들어 시위하는 것처럼 외치기까지 했잖아. 라면과 오므라이스와 수제비 등 아는 메뉴를 시켰는데, 아빠는

▲ 타지마할에서 신나게 점프

라면 빼고는 별로라서 가격을 반만 지불했지. 가격까지 크게 깎았는데 모처럼의 한식이어서인지 너희는 순식간에 깨끗하게 비워 버리더구나. 아빠는 왠지 주인 눈치가 보이고 미안함에 눈을 마주칠 수가 없었지만 말이야. 인도 음식만 먹다 보니 한식 메뉴라 아주 반가웠나 봐. 라면을 국물까지 폭풍 흡입하며 행복해하는 모습을 보니, 아빠는 입가에 미소가 번지더니 나까지 덩달아 기분이 좋아졌단다.

아들아, 세상에는 많은 산해진미가 있지만 오늘 타지마할 구경 후에 아주 오랜만에 먹었던 라면은 그 어떤 최고급 메뉴와도 비교할 수 없을 만큼 우리에게는 귀한 것이었고, 우리의 몸과 마음을 행복하게 해 주었지! 이처럼 어떤 음식이든 누구와 어떤 상황에서 먹느냐에 따라 그 음식의 가치는 달라진단다. 풍요로움 속에서는 깊은 곳에서 솟아나는 이 큰 행복을 절대 느끼지 못할 거야. 기회가 된다면 오늘 느낀 이 행복을 다른 사람에게도 느낄 수 있도록 해 주고 싶고 함께 나누고 싶어지는구나. 라면 하나로 충분히 행복해 한 오늘, 앞으로도 작은 것에 행복을 느끼며 즐겁게 여행하자!

 라면 하나로도 행복할 수 있다.
배고픈 타지마할보다 배부른 라면이 훨씬 좋아요!

힌두교의 성지, 바라나시

이제까지의 일정 중 가장 힘들게 도착한 도시가 바로 이곳 바라나시. 기차로 무려 16시간을 달려 바라나시 정션 역에 12시가 넘어 가장 더운 시간에 도착했지. 그리고 숙소를 찾기 위해 무거운 배낭을 매고 걷기 시작했는데, 습하고 더운 날씨로 땀은 비 오듯 흐르고 동네 자체가 옛날 그대로의 도시마을이라 골목길이 아주 좁고 소와 사람과 개로 뒤죽박죽이었어. 너희들은 너무 덥고 이동이 쉽지 않으니 아주 오랜만에 짜증내며 힘들어 했었지.

원래 아빠가 예약한 숙소는 일반 배낭여행자를 위한 게스트 하우스였단다. 인도의 다른 도시에서 현지인들에게도 정보를 구하고 한국 블로그도 참조해서 예약을 했는데, 숙소를 찾으면서 보니 편하게 쉬기에는 일반 게스트하우스가 좋아 보이지만 강과 가트를 온전히 즐기기 위해서는 가트 가까이가 더 좋을 것 같다는 생각이 들었단다. 너희들도 잘 알듯이 이곳 바라나시는 삶과 죽음이 공존하는 도시야. 그리고 이 도시를 가장 잘 느낄 수 있는 곳이 가트(Ghat)란다. 가트는 갠지스 강변에 돌을 쌓고 계단을 정비하여 만든 곳으로, 힌두교도들이 목욕재계를 하거나 화장터의 역할도 하는 곳이지. 물론 동네 안쪽의 게스트 하우스에서 숙식하면서 가끔 가트로 나올 수도 있었어. 하지만 아빠는 고민 끝에 숙소에 있는 모든 시간을 바라나시를 느낄 수 있고 가트와 갠지스강을 바라볼 수 있는 가트와 붙어 있는 호텔로

▲ 많은 것을 생각하게하는 바라나시의 일상

▲ 매일 산책한 바라나시의 가트와 갠지스 강   ▼ 멍카페에서 독서 삼매경

가기로 결정했단다.

　그 호텔은 옛날 왕족이나 군주들이 살았던 별궁을 세월이 지
나 숙소로 개조한 곳이지. 그곳에서는 강가를 보려 하지 않고
느끼려 하지 않아도 그냥 보이고 느낄 수 있단다. 비록 일반 숙
소보다 제법 비쌌지만, 에어컨도 있고 충분히 값어치를 한다고
믿고 어렵게 선택을 했지. 특히 우리들 방은 기대 이상으로 큰
발코니도 있어서 햇볕 쬐며 갠지스강을 바라보기에는 안성맞춤

이더구나.

아들아! 가끔은 최고의 경치나 위치를 위해 기꺼이 값을 지불해라. 우리는 항상 최고로 살 수도 없고 항상 최하로 살아서도 안 된다. 검소하게 열심히 살면서도 가끔은 정말 필요할 때는 아까워하지 말고 경치나 위치를 돈으로 사는 것도 필요하단다. 그리고 살면서 필요하다면 가족을 위해서든 연인을 위해서든 레스토랑이나 극장을 통째로 빌리는 것도 생각해 보길 바란다. 비용이 많이 들지 않으면서도 효과를 크게 낼 수 있는 경우가 분명 있을 수 있단다. 그게 사는 재미이기도 하고 제대로 돈을 쓰는 습관이라고 아빠는 믿고 있다. 이제 이곳에서 쉬면서 삶이란 무엇인지 그리고 죽음이란 무엇인지에 대해서 생각도 해 보고 함께 진지하게 대화도 해 보자.

 가끔은 최고의 경치나 위치에 돈을 아끼지 마라!

 아직은 돈이 없어서 어디서든 잠만 잘 수 있다면 좋아요.

사람 타는 냄새

이번 세계 여행에서 이곳 바라나시는 너희들에게 아주 특별한 도시일 것 같구나. 바라나시는 역사보다 전통보다 전설보다 오래된 도시로 불리고, 힌두교 신자들이 신성시하는 갠지스 강이 있는 곳이지. 바로 여기에서는 너희들이 쉽게 접하지 못한 것을 경험하게 될 거야. 그나마 아빠가 가끔 얘기하던 죽음이라 아주 생소하지는 않겠지만, 직접 보고 느끼면서 많은 생각을 했으면 좋겠구나. 혹시 이번 여행 중에 아빠가 잘못되면 이미 얘기한 대로 너희들이 어떻게 조치를 취할지는 잘 알고 있을 것이라고 여겨. 아빠가 죽는 것은 물론 싫겠지만, 세상사는 모를 일이니 항상 대비를 해야 한단다.

삶과 죽음을 아주 가까이서 볼 수 있는 이곳에서 오늘은 버닝가트(화장터) 등 가트 산책을 즐기고, 저녁에는 일몰보트 투어를 했단다. 가트를 걸어서 쭉 올라가니 특이한 냄새가 나기 시작했어. 바로 버닝가트에 도착한 거지. 이미 여기저기서 화장 중이었고, 새로 화장하기 위해 장례를 마친 시신에 나무를 쌓는 풍경이 펼쳐졌지. 왠지 조금 이상한 기분이 들고 직접 화장하는 장례식이 낯설고, 살 타는 냄새로 인해 조금 어지럽기까지 했단다. 이런 나와는 달리, 너희 둘은 크게 이상하거나 힘들어하지 않아 정말 다행이었어. 설명을 해 주면 다 잘 이해하고 받아들인 것 같더구나. 우리 삼부자는 종교가 있는 것은 아니지만 몇 명인지 모를 그날 화장한 주검들에 대해 힌두신 품에서 영생하길 짧지만 진심으로 조의를 표한다. 너희들이 삶과 죽음을 이해하고 받아들이기에는 아마 조금 더 시간이 필요할 거야. 한참을 앉아서 인도인들의 장례문화도 설명해 주고 직접 보면서 이들의

문화 속에 동화되는 시간을 보냈단다.

그리고 저녁에는 갠지스 강에서 배를 타고 강에서 가트를 바라보며 바라나시의 역사와 신 이야기를 들었어. 신들의 역할과 갠지스강 등 다양한 얘기를 말이야. 옛날부터 왕족, 군주, 지역 자치장들은 나이 들어 죽을 때면 다시 좋은 곳으로 환생하기 위해 이곳 바라나시에 와서 집을 짓고 죽었다고 해. 강 위에서 바라보는 가트와 그 집들은 정말 화려하고 웅장하게 느껴졌어. 천 년 전 및 수백 년 전에 어떻게 저런 건축을 했을까 싶을 정도로 발달한 고성들이었지.

가트와 강 위에서 우리는 오늘 차분하면서도 의미 있는 경험을 했어. 매일 먹고 살기 위해 무심하듯 치열하게 사는 바라나시 주민들, 대낮인데도 붉은 장작에서 내뿜는 열기와 살 타는 매캐한 냄새, 모두 태울 수 있는 장작을 구하지 못해 타다만 시체를 강 한가운데로 보내는 유족들, 화장할 여력이 없어 그냥 갠지스 강에 버려져 떠내려가는 시체, 화장하기 전 강가 가트(계단)에서 성수라는 강물로 마지막을 준비하는 사람들, 이러한 과정에서 한 끼의 식사비라도 벌려고 여기저기 기웃거리는 어린아이들, 죽은 시체 옆을 어슬렁어슬렁 거리는 개와 소들, 하루 24시간 강가에서 목욕의식을 행하는 사람들까지….

갠지스 강에서의 마지막을 삶의 가장 큰 축복이라 믿는 그들은 슬픔과 통곡도 없는 자연스러운 장례를 치르고, 이러한 많은 것들이 삶과 죽음은 별개로 존재하지 않는 세상처럼 자연스럽게 흘러간다. 여행객들이 꼭 다시 찾고픈 여행지로 바라나시를 추천한다고 하는데, 충분히 이해가 갔어. 심지어 어린 너희들도 왜인지 모르지만 이곳이 마음에 들고 좋다고 하니 신기한 일처럼 느껴지더구나.

아들아! 사실 우리의 삶과 죽음은 항상 가까이에 존재한단다. 그것이 내년일지 10년 후가 될지 30년 후일지는 아무도 모르지만, 우리 삶은 영원하지 않고 분명히 죽는다는 거야. 그렇다고 부정적으로 자주 죽음을 생각하라는 얘기는 아니야. 두 번 살 수 없는 오직 한 번뿐인 우리의 삶을 최대한 하고 싶은 대로 행복하게 매일 열심히 살아가야 한다는 얘기지. 내일 당장 나의 삶이 끝나도 후회 없을 정도로 오늘 하루를 의미 있고 즐겁게 살

▲ 디우에 마음을 담아….

아야 하는 이유야. 하루가 행복하기 위해서 항상 너희는 단기
및 장기 목표를 가지고 있어야 하고, 그 목표와 오늘 하루의 균
형을 잘 맞추어야 지속적으로 즐거운 마음으로 살 수 있단다.

이와 관련해서 아빠가 15소년 표류기를 예를 들어 설명했던
것을 기억하지? 항해를 하는데 오늘은 무엇을 하고 어디까지 가
야 할지를 정해 놓은 배와 그렇지 않은 배는 매일매일의 삶이 다
르단다. 장단기 목표가 없는 항해는 아무리 순항이라도 표류하
게 되는 것이고, 단기와 장기 목표가 정확하게 있는 항해는 아

무리 난항이라도 목적지에 잘 도착할 수 있단다. 목표의식을 가지고 하루를 행복하고 살아가길 바라. 그럼 삶과 죽음이 항상 가까이에 있지만 두려움이 아닌 친구처럼 편해질 거란다.

숙소에 들어가기 전에 갠지스 강에 '디우'라고 하는 예쁜 꽃 그릇에 촛불을 띄우고 소원을 빌어 본다.

"우리 삼부자 모두 세계 여행을 무사히 잘 마치고 꼭 살아서 한국에 돌아가게 해 주세요!"

 죽음을 두려워하지 말고
오늘 하루에 최선을 다해 행복하게 살아라.

오늘 내 마음대로 살면 내일은 괜찮을까요?

버스터미널에 쓰러진 삼부자

아들아! 오늘은 아빠의 무지로 인해 너희들과 이별을 할 뻔했구나! 많이 힘들었지만 이렇게 살아서 너희에게 글을 쓰고 있으니 이 또한 행복한 순간이구나.

바라나시에서의 의미 있는 시간을 보낸 뒤, 버스를 타고 인도 국경인 소나울리까지 가는 길이었지! 또 지난주처럼 약간 어지럽고 눈도 더 침침해지고 몸에 힘이 하나도 없고 완전 피곤하고 머리는 아무 생각도 나지 않아 그냥 바보가 되는 느낌이었단다. 아빠는 정말 버스에서 내려서 아무 데서나 눕고만 싶었지. 처음에는 멀미인가도 싶기도 해서 나름 방법으로 참아 보았지만, 여전히 증상이 똑같아서 '내가 힘들고 지쳐서 많이 약해졌나 보다.'라고 생각했어. 정신은 혼미한데 날은 덥고 버스는 만원이고 길은 막히고 몸도 내 몸이 아니니, 당장 모든 것을 그만두고 싶은 심정이었지. 너희들에게는 정말 미안하지만, 그때는 너희들도 두 번째고 오직 아빠만이라도 일단 살고 싶었다. 그래서 결국 작고 초라한 소나울리 버스터미널에 도착하자마자 터미널 땅바닥에 아빠는 그대로 쓰러지다시피 누워 버렸지.

"아빠? 괜찮으세요?"

"저희가 어떻게 하면 돼요?"

"힘드세요? 죽지 마세요, 아빠!"

"아니야! 그냥 조금 쉬면 나아질 거야! 너희들은 저기 대합실 그늘로 가서 쉬고 있어라."

"아니에요, 저희가 아빠 지켜 드릴게요."

하며 너희들도 아빠 따라서 배낭을 땅에 내려놓고 누웠단다. 그 마음이 고마우면서도 이렇게 셋 다 땅에 누우면 빨래가 또 많아질 텐데 하는 부질없는 걱정도 잠깐 스치고 지나갔지. 지나가는 인도인들이 뭐라 하는 소리가 들리는 듯하더니, 이내 먼 꿈속으로 사라져 버렸다. 1시간여가 지나서 아빠는 조금씩 기운을 차려서 대합실까지 갈 수 있었지. 정말 아빠는 죽는 줄로만 알았단다.

이 모든 원인은 말라리아 약 복용 때문인 것 같아. 이 약이 어떤 사람의 간에는 치명적인 부작용이 일어날 수도 있다는데, 이로 인해 간이 피곤하고 힘드니 아빠의 모든 몸의 균형이 깨져서 이렇게 힘들었던 게 아닐까 싶어. 인도에서 몇몇 여행객들에게 그 약의 부작용에 대해 들었지만, 버틸 수 있을 것 같고 또 말라리아에 걸리면 안 되기에 너희들과 함께 매주 금요일은 어떤 일이 있어도 잊지 않고 착실하게 복용을 해왔지. 아빠가 너무 융통성이 없이 바보처럼 약을 복용하다가 이런 일이 벌어진 것 같아. 이때 아빠는 처음으로 엄마가 했던 말을 인정하게 되었단다.

"여보! 당신은 너무 융통성이 없어요! 매일 하는 운동도 한 번 빠질 수 있고, 어쩌다 한 번 회사에 지각도 할 수 있어요! 조금

▲ 국경심사를 기다리며

여유를 두고 살아 봐요!"

아들아! 살면서 혹시라도 진행하고 있는 또는 목표로 하는 일에 문제나 이상이 생기면 상황이 복잡하고 막막할지라도 문제해결을 위해 적극적으로 의사결정을 다시 해야 한단다. 특히 항상 남의 말에 귀 기울일 줄 알아야 하고, 단호한 결단력으로 방향 수정을 할 수 있어야 하지. 아빠도 몸에 분명 이상이 생겼고 약의 부작용에 대한 얘기도 들었기에 더 일찍 복용을 중단했다면 더 건강하고 즐거운 여행이 됐을 텐데…. 너희들도 특히 건강에 관련해서는 빠른 의사결정으로 방향 수정을 하여 조금이라도 덜 힘든 삶을 살기 바란다. 아빠는 너희들과 오랫동안 행복하게 잘 살고 싶으니까!

 무엇인가 징후가 있다면 잘 살피고 다른 의사결정을 해라.

아빠! 알아서 잘 좀 챙기세요!

'No problem'은 'problem'!

어제 말라리아 약의 부작용으로 인해 어쩔 수 없이 국경에서 하룻밤을 보내고, 오늘 드디어 네팔 포카라로 넘어가기로 했지. 자고 났더니 그나마 몸이 나아진 것 같아 다행이라는 생각이 드는구나. 너희들은 여전히 에너지가 넘치고 많이 먹고 말이야. 어제 예약한 버스 시간이 되어 아침 일찍 배낭을 메고 나갔지. 근데 버스가 조금 이상했어. 좌석번호도 없는 그냥 네팔 현지 일반버스 같아 보이는 거야. 어제 몸이 힘들어 자세히 챙기지 못하고 네팔 버스 사장 말만 믿었던 것이 화근이었던 걸까? 돈도 이미 지불했고 당장 방법이 없어 일단 탑승했단다. 그리고 버스차장에게 물었지.

"이 버스 포카라까지 직행으로 가는 거 맞죠?"

"예, 맞아요. 포카라 직행."

"진짜 Non 스톱으로 가죠? No Stop!"

"노 프라블럼!"

"우리 지정좌석은 있죠?"

"예스! 노 프라블럼!"

"오케이, 노 프라블럼!"

그리고는 차는 출발해서 동네의 제법 큰 터미널에 정차해서 많은 사람을 태우더니, 출발 후에도 아무 데서나 정차 후 손님을 내리고 태우기를 반복하는 거 있지? 아빠도 '노 프라블럼'을 좋아하는 편인데 아빠가 'No problem'에 당한 거지! 참고로 아들아! 인도와 네팔에서는 'No problem'이 'No problem'이 아니란다. 너희들도 경험으로 잘 알 것으로 본다.

아! 이를 어쩌나…. 여행 후 처음으로 사기를 당한 거야. 일반 로컬버스에 타면서 두 배 이상의 리무진버스 가격을 지불한 거지. 방법이 없으니 전화위복이라고 긍정적으로 생각하고 너희들에게 상황 설명을 해 주고 일단 참고 5시간 이상을 달린다.

결국 아빠의 실수로 인해 너희들은 의자에 앉아 있음에도 불구하고 움직일 수도 없고 숨쉬기도 힘든 상황에서 사람, 물건, 가축, 계속된 구불구불한 산길, 40도 육박하는 더위, 코를 찌르는 퀴퀴한 냄새 속에서 몇 시간을 더 달렸단다. 승빈이 넌 여행 후 처음으로 멀미가 나서 더 힘들어했지. 그때 아빠는 그 상황도 힘들었지만, 너희들에게 아빠가 제대로 준비를 못했다는 자책으로 많이 힘들었단다. 그리고 제대로 준비하지 못하면 항상 이러한 대가가 따른다는 것을 뼈저리게 느꼈지.

그래서 아빠는 결자해지(結者解之: 일을 저지른 사람이 해결한다) 정

▲ 삼부자의 구세주 택시

신으로, 작은 마을에 잠시 정차했을 때 택시들이 보여서 일단 내려 최선의 조건으로 가격 협상을 하고 너희들을 불렀지! 눈치 빠른 너희들은 갑자기 얼굴에 화색이 돌면서

"아빠! 여기서 내리는 거죠?"

"여기서 자고 가도 좋으니 제발 내려요! 예?"

"저희들 배낭도 내릴게요."라고 선수까지 치며 차에서 내리기 시작했지. 그리고 너무 행복해하는 너희들을 보니, 아빠도 힘들었던 마음은 모두 없어지고 그냥 좋기만 했단다.

길은 여전히 좁고 험하고 공사도 많아 천천히 가지만, 우리 삼부자는 편안한 택시 안에서 마냥 행복해했었지. 버스로 가면 저녁 10가 되어서야 도착했을 포카라에 오후 4시가 넘어서 잘 도착해서 귀한 삼겹살까지 잘 먹고 힘든 하루를 마감했단다. 아들아! 오늘 하루 수고 많았다. 이제 이곳에서는 고생을 덜 시키는 아빠가 되어 볼게!

 준비하고 확인하지 않으면 항상 대가가 따른단다.

역시 버스보다는 택시가 최고!

ABC 트레킹을 포기하다

힘든 인도 일주를 마치고 네팔로 왔는데, 아빠의 무릎이 심상치가 않구나. 이곳 네팔에 온 가장 큰 목적은 안나푸르나 트레킹(ABC 트레킹 – 4,130m)을 통해 너희들과 함께 최고의 산인 에베레스트의 일부분이라도 경험하기 위함이었지. 그런데 예전 직장 생활하면서 다쳤던 무릎이 문제가 되어 인도 바라나시에서도 병원에 들렀는데 여전히 통증이 심하구나. 오늘 보니 이제는 무릎에 물까지 많이 차서 걷기도 힘든 상황이 되어 버리고 말았더구나.

최종 판단을 의사에게 묻기로 하고 오늘 시내 메트로시티 병원에 다녀왔지. 결론은 트레킹은 불가능하고 10일 이상 쉬면서 치료만 해야 한단다. 사실 아빠는 무릎에 찬 물을 빼는 치료와 약만 먹고 트레킹을 강행하려고 했었지. 하지만 사랑스러운 너

▲ 숙소에서 본 안나푸르나

मेट्रोसिटी हस्पिटल (प्रा.) लि.
METROCITY HOSPITAL (Pvt.) LTD.
Srijana Chowk, Pokhara-8
Tel.: 061-522648, 526531, 522849, 537932 (Office)
Website : www.metrocityhospital.com
E-mail : info@metrocityhospital.com

Pt. No.:_____

OPD PATIENT RECORD BOOK

Department _Ortho_ Date _30-12-2071_
Pt's Name _Baek. Gunsup_

Age/Sex _44/M_

Address _Korea._

Tel No._____

२४ सै घण्टा आकस्मिक सेवा उपलब्ध छ ।
कृपया यो कार्ड फेरी फेरी आउँदा पनि हरेक पटक लिएर आउनुहोला ।

"Not Valid for Medico Legal Purpose"

◀ 2071(?)년 12월에
치료받은 아빠

▲ 네팔에 2072년 새해 아침이 밝았습니다.

희 둘 덕분에 아빠는 과감하게 이번 네팔 트레킹 일정을 모두 취소하기로 했단다. 너희에게는 미안하지만 아직도 우리는 여행해야 할 나라들이 많기에, 무리해서 더 큰 문제가 생기는 것보다는 포기하고 나중에 너희들이 커서 다시 올 때를 기약하는 것이 더 현명하다고 판단한 거야.

사실 아빠 성격에 중요한 큰 일정을 포기하는 것이 쉽지 않았어. 특히 너희들에게 굳은 약속까지 하고 이곳에 왔기에 트레킹 일정을 포기하기가 더욱 힘들었지. 하지만 더 큰 사고를 미연에 방지하고 우리들의 세계 여행을 무사히 마치기 위해 결단을 내린 것이다. 그리고 그 포기는 포기가 아니라고 말해 주고 싶어. 너희들이 이러한 상황에 놓이게 되고 포기를 하게 되더라도 또 다른 계획을 만들고 실행하면 되기에 주저하거나 스스로를 책망할 필요도 없단다.

　아들아! 우리는 오늘 하루도 수많은 의사결정과 우선순위 속에서 살아간다. 계획했던 것이 너희들 의도와 다르게 진행된다면 가능한 빠르게 포기하고 그 대안을 준비하는 자세가 필요하지. 너희들이 매일 많은 이런저런 의사결정 문제로 아빠에게 질문하면 아빠는 답을 해 주기도 했지만 대부분은 너희들이 직접 의사결정을 하도록 주문을 하곤 했던 것, 기억나니? 왜냐하면 너희 인생은 너희의 것이고 어려서부터 스스로 판단하고 결정하는 습관을 들여야 하기 때문이란다. 대신 그 의사결정이 가능하면 최선이 될 수 있도록 다양한 경험과 노력을 게을리해선 안 돼. 너희들이 직접 한 선택에 따라서 너희들 인생도 달라지기 때문이지. 그리고 일단 포기하기로 했으면 대안을 바로 찾아야 한단다.

　아빠도 이번 트레킹을 포기하면서 생긴 2주의 시간을 다시 조정해야 했어. 포카라 도시 즐기기, 매일 아침 평화로운 페와 호수 산책하기, 새로운 네팔 친구 사귀기, 매일 한식 먹기, 오토바이 투어 하기, 패러글라이딩 도전하기 등 한 가지를 포기하니 다른 많은 할 수 있는 것들이 생겼지. 특히 트레킹에서 줄인 시간으로 일정에 없었던 미얀마까지 가게 되었으니 전화위복에 금상첨화가 아닌가 싶다. 이제는 편안하게 네팔을 즐기고 놀아 보자꾸나!

 상황이 힘들 때는 포기도 빠르게 해라!

그래도 너무 아쉬워요!

내리막길 사고

아들아, 오늘은 내리막의 위험에 대해서 얘기해 주고 싶구나. 우리들은 살면서 등산할 기회가 많을 테고 자전거나 오토바이처럼 이륜차도 이용할 경우도 많을 거야. 자연도 그렇지만 우리 인생도 오르막이 있으면 내리막도 있는데, 특히 내리막일 때 더 조심이 잘 보내야 편안한 삶을 보낼 수가 있단다.

우리는 가끔 북한산 백운대에 가곤 했지. 그때마다 너희 둘 모두 정상까지 생각보다 잘 올라가곤 했단다. 하지만 하산할 때는 항상 더 힘들어했던 것, 기억하지? 내리막길은 비록 몸에 힘은 덜 들어가지만 무릎이나 발목에 가해지는 충격은 훨씬 증가하고, 몸이 앞으로 쏠리기에 무게중심을 맞추어야 하기 때문에 힘든 거란다. 자전거나 오토바이는 내리막이 쉬워 보이지만 사실은 제일 위험한 순간이란다. 중력에 의한 가속도가 붙기에 더 조심해야 하고 도로의 상태에 따라서는 내리막은 걸어가는 것이 최선일 수도 있지.

우리는 오늘 오토바이를 렌탈해서 도심에서 조금 떨어진 마을 투어와 스투바(네팔 사원의 탑)로 향했어. 오토바이를 타고 한적한 시골길 드라이브는 아주 좋았지. 그런데 스투바에 다녀오면서 사고가 난 거야. 스투바는 아주 높은 곳에 위치해 있어서 올라가는 길이 좁고 험하고 돌들이 깔려 있었지. 너희 둘을 태워서 올라갈 때는 위험하기는 했지만 나름 천천히 잘 올라갔어. 정상에 있는 스투바에서 보는 포카라 페와 호수 경치는 아주 아름다웠지! 하지만 내려오는 길에 정말 천천히 조심히 운전했음에도 불구하고 두 번이나 넘어지고 만 거야.

첫 번째는 다행히 다치지 않고 무사했는데, 두 번째는 천천히 넘어졌음에도 불구하고 오토바이가 돌길에 미끄러지면서 아빠가 깔리게 되었고, 그 바람에 왼쪽 다리에 큰 상처가 났지! 넘어지면서 너희 둘을 보호하기 위해 나름 최선을 다한 결과이기도 했단다. 내리막이고 길의 상태까지 알고 있었으니 조금 더 조심했어야 했는데, 아빠의 부주의로 또 이런 일이 일어났구나. 너희들

▲ 사랑곶에서 히말라야를 구경하고 내려오며　▼ 오토바이 라이딩과 페와 호수

은 자연의 내리막과 인생의 내리막에는 조금 더 정신을 차리고
차분하게 천천히 기다리는 미학을 느끼며 잘 내려가면 좋겠다.

　자연의 내리막은 눈으로 볼 수 있고 몸으로 느낄 수 있으니 그
나마 잘 대처할 수 있을 거야. 하지만 삶의 내리막길에서는 어
떤 상황인지 객관적으로 바라보기가 쉽지 않단다. 그래서 처한
상황에 대한 인지를 명확히 하는 것이 중요하고, 내리막에는 언
제나 그 끝이 있기에 내리막 그 자체를 즐기면 어느새 오르막으

로 갈 것이니 조급해하지 말고 조금 천천히 기다리면서 가면 될 거야. 아빠는 너희들이 이번 세계여 행을 통한 경험을 바탕으로 해서 다가올 인생에서 오르막은 조금 쉽게 그리고 내리막은 덜 위험하게 갈 수 있기를 바란다.

 산길과 오토바이는 내리막이 항상 위험하지.
우리 삶도 그렇단다.

내리막은 너무 무서워요!

에베레스트를 보며 골프 라운딩

아빠에게는 인생 좌우명과 함께 마음속 깊이 새기며 사는 생활 신조가 있단다. 바로 경험의 소중함이라는 것이지. 아빠는 아직도 경험을 이길 수 있는 것은 거의 없다는 말을 믿어. 그래서 가능한 너희들에게 기회가 되거나 아니면 일부러라도 많은 경험을 할 수 있도록 물심양면 도와주고 있단다. 이러한 경험의 소중함에 대해서는 이미 고려시대에 추적이란 분이 쓴 『명심보감』「성심」편에서 언급하고 있단다.

不經一事면 不長一智니라.
불경일사면 부장일지니라.

한 가지 일을 경험하지 않으면 한 가지 지혜도 자라나지 않는다는 것으로, 경험은 모든 지식의 스승이고 지혜의 어머니라고 믿고 있어. 지금 이렇게 아빠와 함께하는 세계 여행 자체가 큰 경험이지만, 많은 일정 속에서 매일매일 할 수 있는 것들은 비용이 들더라도 해 보는 것이 너희들 앞으로의 삶에 큰 영향을 줄 것이라고 확신한다. 책 읽는 것 또한 너희들에게 지식을 쌓고 가치관을 형성하는 데 큰 도움이 되지만, 경험이 뒷받침되지 않는다면 모래 위의 성처럼 견고하지 않아서 어떤 큰 어려움과 만났을 때 최선의 선택을 하지 못할 수도 있을 거야.

그래서 이곳 포카라에서는 에베레스트 산을 보면서 할 수 있는 패러글라이딩과 체험 골프를 하기로 한다. 물론 세계 여러 곳에서 할 수 있는 것들이지만, 에베레스트 산을 보고 할 수 있는 곳은 여기 아니면 할 수 없으니까. 너희들은 패러글라이딩을 하면서 한 마리의 새가 되어 시원함과 자유로움을 만끽했을 거야! 하지만 나중에 너희들이 직접 싱글 비행을 하게 되면 강한 상승기류(Thermal)로 인해 '추락하는 것은 날개가 있다'는 것을 느낄 수 있을 거야. 패러글라이딩은 열로 이동한다고 보면 되는데, 가끔 큰 바위 같은 곳에는 상승기류가 너무 강해 날개(캐노피)가 반으로 접히면서 갑자기 아래로 추락하기 시작하지. 하지만 잠시 순간일 뿐이고 다시 하늘 위로 강하게 치솟아 오른단다. 하지만 그때 느낌은 죽었다 살아나는 느낌과 함께 내 심장은 저기 100m 밑에 있는 짜릿한 느낌도 함께 맛볼 수 있단다.

◀ 페와 호수 위에서 비행　▲ 사랑곳 상공 패러글라이딩

아빠도 그러한 짜릿함 때문에 패러글라이딩을 즐겨 했던 것 같아. 하지만 너희들은 이번에 텐덤비행(Tandem: 전문가와 함께하는 2인 비행)으로, 이륙할 때도 부담 없이 잘하고 하늘에서도 마냥 즐겁게 잘 탈 수 있었지.

　포카라에서 최고의 경치를 볼 수 있는 사랑곳에서 이륙했는데 날씨도 좋고 경치도 좋고, 특히 저 멀리 히말라야 설산을 잘 볼 수 있어서 정말 좋았지. 말로만 들었던 히말라야를 직접 보니 너희들은 미친 듯이 흥분하여 소리를 질러댔단다. 가끔 스파이럴(소용돌이 모양으로 빙글빙글 도는 비행)과 윙 오버(급상승 급하강)와 같은 묘기비행을 할 때는 무서워서 힘들었지? 아빠는 일찍 착륙해서 호숫가에 누워서 하늘에서 즐겁게 날고 있는 너희들의 모습을 행복하게 기억으로 저장하고 있었단다. 이제는 하늘에 익숙해졌으니 유럽에서는 스카이다이빙을 해 볼까?

패러글라이딩의 첫 경험을 훌륭히 잘 마치고 우리는 우리의 소중한 애마(오토바이)를 타고 포카라 시내에서 멀리 떨어진 히말라야 골프장으로 향했어. 히말라야 트레킹은 포기했지만 히말라야를 보면서 라운딩하는 특별한 경험은 하고 싶었기 때문이야. 어제 미리 예약을 해놓고 갔지만, 어쩐 일인지 골프장에는 아무도 없었지. 그래서 매니저에게 전화하니, 캐디 할 친구들이 곧 도착하는 대로 라운딩을 시작할 거라 말하더구나. 나중에 나온 너희들 캐디는 중2와 초5학년의 너희와 비슷한 형제 사이였어. 서로 언어 소통은 힘들었지만 나름 잘 웃고 친구처럼 잘 도와주며 즐거운 라운딩을 하게 해 주었단다.

이 골프장은 깊은 협곡에 만들어진 18홀의 특이한 골프장으로 코스 도중에 그늘집도 없고 인코스 아웃코스 개념도 없었어. 그냥 원을 그리듯이 1번부터 18번까지 모두 마쳐야 클럽하우스로 되돌아올 수 있었지. 대부분의 그린은 소나 양 떼를 막기 위한 울타리가 쳐져 있고 페어웨이에는 소나 양들이 풀을 뜯기도 하고 그냥 누워 있기도 했어. 특히 전체 길이도 7천 야드 이상으로 길고 홀과 홀 사이에는 강물이 흐르는 계곡이나 언덕구릉이 있어서 이동하는 데도 힘들어, 너희들은 땀을 뻘뻘 흘리며 전반 9홀을 돌고는 그만 포기하자고 했었지. 아마도 더운 날씨에 전동

▲▲▲ 그린을 사용하기 위해서 먼저 양과 염소에게 양해 구하기, 산 넘고 물 건너는 트레킹 라운딩 ▲▲ 굿샷이지만 찬형이 볼은 물로!, 승빈이 볼은 ? ▲ 더위에 지쳐 그린 위에 쓰러진 녀석들, 히말라야 골프 코스 16번 홀

카트도 없이 오르막 내리막을 걷는데다가 준비해 간 물을 조금씩 아껴 마셨음에도 불구하고 9홀을 돌자 그만 바닥이 나서 더 힘들었을 거야. 하지만 희한한 홀 구조 탓에 도중에 클럽하우스로 돌아가는 것도 힘들어, 결국 18홀까지 마무리하면서 우리의 세계 여행 첫 번째 라운딩을 무사히 끝낼 수가 있었단다. 아빠도 이번 라운딩은 마치 ABC 트레킹을 한 것처럼 힘들었지만,

▲ 함께한 캐디 형제

너희들과 함께 히말라야를 보면서 샷을 하는 특별한 경험을 하게 되어 너무 행복했단다.

 세상에 경험보다 소중한 것은 없단다.
기회를 만들어서라도 경험해라!

패러글라이딩은 또 하고 싶지만
물도 전동카트도 없는 골프장은 좀….

마술 친구

아들아! 바야흐로 우리는 글로벌 시대에 살고 있구나. 이 글로

▲ 디박네 니키타 레스토랑   ▼ 새로운 마술 친구 니켈스

벌 시대에서 잘 살아가기 위해서는 언어 배우기와 외국인 친구 사귀는 것은 필수처럼 보인다. 다행히 너희는 이번 여행을 통해서 외국인과 외국어에 대한 막연한 두려움을 없애고 있고, 오히려 언어에 눈을 뜨고 친구를 사귈 수 있을 거라고 믿어. 물론 한국 친구들 사귀는 것도 게을리 하면 안 되겠지만, 특히 외국인 친구를 사귀는 동안 문화적 다양성과 새로운 세상을 배우면서 너희들의 편협한 사고의 틀을 깰 수 있을 거라고 생각해. 친구를 사귐에 있어서는 너희들이 먼저 좋은 품성과 배려하는 마음으로 다가가야 한단다. 언어는 통하지 않지만 사람은 특히 너희처럼 어린 친구들은 마음을 다 알 수 있지. 언제 어디서든 조건

▲ 니켈스 가족과 함께

을 따지지 않고 친구를 사귀고 관계를 이어 간다면 너희들 인생에 아주 중요한 '삶의 보석'이 되어 줄 거야.

'니켈스'라고 기억하지? 포카라 디박 아저씨 아들이고, 승빈이랑 나이가 같은 친구이지. 너희들이 처음으로 사귄 외국 친구란다. 디박 아저씨는 아빠가 우연히 포카라 시내 팽나무 아래에서 친구가 된 포카라 택시 기사란다. 아빠가 게스트 하우스 구할 때, 오토바이 렌탈 할 때, 빨래방 찾을 때, 특히 아파서 병원 갈 때 많은 도움을 주신 분이야. 아빠도 처음에는 경계심을 가지고 조심스럽게 접근했는데 순수하고 좋은 분이라는 것을 알게 됐지.

그 인연으로 우린 그분 집에 초대를 받아서 갔고, 니켈스와 니키타도 알게 되었단다. 니켈스 집은 페와 호수 주변에 있고 그의 엄마는 현지인을 상대하는 작은 슈퍼와 식당을 운영하고 있어. 식당 이름은 작은딸 이름을 따서 '니키타 레스토랑'이었지. 막내아들이었던 니켈스는 승빈이와 나이가 같고 좋아하는 것도 비슷해서 서로 잘 놀았고, 서로 허술한 마술 쇼를 하느라 시간 가는 줄 몰랐었지. 아빠는 지금도 니켈스와 승빈이가 서로 영어를 잘 못하는데도 그렇게 서로 얘기하면서 쇼하고 잘 노는 것이 신기할 뿐이란다. 그분들이 정성껏 준비해 주신 전통음식인 달밧과 요구르트 및 치킨요리로 맛있게 저녁을 먹고 호수길을 따라 걸으며 행복한 하루를 마무리했었지.

우리가 떠나온 뒤로 큰 지진이 있어서 연락했는데 다행히 니켈스 가족 모두 무사하단다. 이메일로 짧은 영어로라도 소통의 끈을 놓지 않고 유지하고, 나중에 다시 그곳에 간다면 오랫동안 좋은 친구로 지낼 수도 있을 거야! 소중한 인연을 계속 유지하길 바란다.

 적극적으로 외국인 친구를 사귀어라.

빨리 영어를 잘하고 싶어요!

비행기가 취소됐어요

우리는 살아가면서 원하지는 않지만 좋지 않은 일들과 항상 마주하기 마련이지. 바로 앞에서 막차를 놓친다거나 태어나 처음으로 PC방에 가는 날 우연히 아빠와 마주치거나 멋있는 하얀 새

옷을 입고 집을 나서다 새똥을 맞거나 급하게 탄 지하철이 반대 방향으로 가거나 중요한 약속에 나갔는데 바지가 찢어지거나 등등 황당한 많은 일들이 생기곤 해. 그런 일이 있을 때면 항상 바로 잘 받아들이고 그 상황에서 최선의 의사결정을 해야 한단다.

우리는 운 좋게 이제까지 여행하면서 큰 문제가 없었어. 그런데 오늘 네팔 카트만두를 떠나 태국 방콕으로 가려고 하는 공항에서 이해할 수 없는 황당한 문제가 생기고 말지. 체크인 하려고 데스크에 갔더니 우리가 타기로 한 비행기의 스케줄이 없다는 거야!

"방콕 세 명이요."

"그 비행기는 취소되어 오늘 비행기가 없습니다."

"취소요? 여기 항공티켓이랑 영수증이 있어요! 확인해 주세요."

"이미 2주 전에 스케줄이 취소되었습니다."

"저는 지난주에 현지 항공사 확인하고 예약을 했는데요!"

"그건 잘 모르겠고 오늘 비행기는 없습니다."

"방콕으로 가는 다른 비행기는 없나요?"

"예. 모두 만석이라 제일 빠른 것이 내일 오후입니다."

방콕 호텔 예약과 모든 일정을 변경하는 것이 쉽지 않고 비용도 들어가니 정말로 어이가 없었고, 우리는 그야말로 멘붕 상태였지. 더구나 해당 항공사는 이미 취소된 것이라며 나 몰라라 했다. 일단 아빠는 최악의 시나리오는 다음 날 떠나는 것으로 생각하고 방법을 찾기 시작했어. 제일 먼저 같은 상황에 놓인 사람들을 병합한 후 논의하여 한목소리로 힘을 실어 오늘 꼭 방콕으로 갈 수 있는 방법을 알아볼 것과 만약 내일의 경우 호텔 및 식사 등 비용 보상할 것을 요청했지. 한국이었다면 이렇게 단체행동을 하지 않아도 알아서 잘해 주겠지만, 여기는 네팔이고 고객에 대한 서비스 마인드가 아직 정착이 안 되어 강하게 어필할 필요가 있었다.

많은 사람들은 상황을 받아들이고 그냥 포기하고 돌아가거나 스스로 알아서 다시 예약을 하는 것 같았어. 그 복잡하고 시끄러운 동안에도 너희들은 배낭을 장난감 삼아 천진난만하게 그냥 즐겁게 복실이 게임(개를 의인화하여 이야기를 만들어 가는 드라마게임)을 하면서 놀고 있었지. 델리나 콜롬보 등 다른 도시를 거쳐 방콕으로 가는 방법을 찾았지만, 너희들에게는 너무 힘든 일정이라 다른 사람들에게 양보하고 환승을 비롯하여 다른 더 좋은 방법을 기다리기로 했어. 그러면서 내일 출발의 경우, 발생하는 모든 비용은 항공사에서 어느 정도 해 주는 것으로 유럽 배낭여행자 4명과 함께 협상을 해 두었고 말이야.

그런데 정말 행운으로 마지막 순간에 8명 단체가 체크인을 하지 못해서 우리 삼부자는 우선순위에 포함되어 급하게 체크인해서 방콕으로 갈 수 있었지. 더 좋은 항공사와 비행기로 비행 시간도 짧아 늦지 않은 시간에 방콕에 도착할 수 있었단다.

"아빠! 도로가 정말 깨끗해요!"

▲ 비행기가 취소되어도 항상 즐거운 형제

"우와! 신호등도 있어요!"

"차들도 너무 좋아요!"

"이제 사람 사는 세상에 온 것 같아요!"

"가능한 방콕에서 많이 놀다 가요!"

두 달 정도 인도와 네팔에만 있다가 큰 도시에 오니 모든 것이 새로워 보이고 깨끗하고 좋아 보이는지 너희들은 꽤 흥분했었단다. 어쨌든 처음 맞은 큰 위기를 고생하지 않고 일정 변경과 추가 비용 없이 이렇게 잘 도착해서 다행이야. 너희들도 이런 힘들면서도 긴박한 일이 생기면, 당황하지 말고 일단 닥친 현실을 그대로 잘 받아들이고 그 상황에서 최선을 이끌어 낼 수 있는 것에 집중하고 연쇄적으로 일어날 수 있는 것들에 대한 처리도 꼼꼼히 해야 한단다. 똑같은 상황에 처해도 어떻게 행동하고 조치를 취하느냐에 따라서 오늘처럼 누군가는 좋은 조건으로 일정 변경 없이 지속할 수도 있고, 또 다른 누군가는 시간과 돈을 추가로 지불하면서 하룻밤을 더 머무를 수도 있음을 명심하길 바라.

 위기일수록 더 침착하게 대처하고 최선을 이끌어 내라!

포기하지 않는 것이 중요한 것 같아요.

어느 깜깜한 밤

요즘은 세상이 각박해져 선의를 가지고 남을 도와준다는 것
이 점점 어려워지고 있는 것 같아. 사심 없이 좋은 마음에 도와
주었는데도 잘못된 오해를 받아 오히려 도와준 사람이 어려움에
처한 경우가 종종 생기기 때문이지. 그래도 너희들은 언제라도
이유 없이 남에게 잘해 주었으면 좋겠구나. 남에게 선의를 베풀
게 되면 일단 너희들의 마음이 풍요로워지고, 그러한 마음으로
인해 너희들은 부자가 될 수 있을 거야. 특히나 어려움에 처해
있는 사람은 너희들에게 금전적 손해가 있을지라도 꼭 도와줬으
면 좋겠어. 우리들이 이곳 미얀마 만달레이에서 받았던 도움처
럼 말이야. 만약에 그때 우리를 전혀 모르는 그분들이 도와주지
않았다면, 우리는 힘든 고생과 함께 많은 비용을 지불하고서도
늦은 밤에 시내 숙소로 돌아가거나 이름 모를 낯선 곳에서 밤을
새우며 힘든 추억을 하나 만들었겠지.

우리의 미얀마 첫 번째 도시였던 만달레이! 처음에는 이름이
입에 붙지 않아 발음하는 데 힘들어했었지. 도시 한복판에 있는

▲ 해 질 녘 우베인 다리와 동자승

해자까지 엄청 큰 만달레이 왕궁과 서울의 남산이라고 할 수 있
는 만달레이 힐을 편안하고 여유 있게 즐기고 난 후, 우리는 세
계에서 가장 오래된 목조 다리이자 일몰이 세계적으로 유명하다
는 우베인 브릿지(U Bein Bridge)로 오토바이를 몰고 신나게 달려
갔었지. 오토바이는 계기판이 고장 나기는 했지만 엔진 및 외관
이 좋아서 숙소의 경비원과 좋은 가격에 협상을 했단다.

　우베인까지는 거리도 꽤 멀고 편도 3~4차선의 큰 도로라 많
은 차들 속에서 운전하느라 아빠는 조금 긴장하고 힘들었단다.
따웅떠만 호수를 가로질러 1.2㎞ 길이의 우베인 다리 가까이 가
니, 마침 노을이 시작되고 있었어. 붉게 퍼지며 호수 및 우베
인 다리를 아름답게 물들이고 있는 석양이 반갑게 우리를 맞이

했지. 평안하고 여유로워 보이고 모든 게 충만 된 그런 느낌이었어. 특히 동자승과 비구니들과 같은 승려들이 많이 있었는데, 그래서 더욱 붉은 석양이 가슴속 깊이 들어왔는지도 몰라. 장기 여행으로 지친 마음을 좋은 풍경과 분위기와 사람들로 치유하고 더 어두워지기 전에 출발했지.

하지만 10분쯤 시내 쪽으로 가는 도중에 오토바이가 멈춰 버리고 말았어. 증상을 보니 다행히 고장은 아니고 휘발유가 바닥이 난 거였지. 아빠는 걱정이 태산 같은데 너희들은 그것마저도 즐거워하더구나. 오토바이를 끌고 너희들과 걸어서 길가의 한 줌 불빛이 있는 곳까지 한참을 걸어갔어. 꽃과 나무를 재배해서 판매하는 작은 가게인 듯했고, 나이 드신 아주머니가 계셨지. 현지말을 못하니 영어로 시도하기 시작했단다.

"안녕하세요! 오토바이 기름이 떨어졌는데 주변에 주유소가 있나요?"

"… ."

"휘발유를 조금만 살 수 있을까요?"

"… ."

무슨 말인지 전혀 이해를 하지 못해 손짓 몸짓을 사용해 시도해 보았지만, 여전히 이해를 못하셨어. 한참을 서로 눈만 보다가 집안으로 들어가시더니 조금 젊은 따님과 다시 나오셨는데, 그 따님은 대도시에서 직장 생활을 하다가 잠시 휴가 차 집에 와 있다고 했어. 따님은 다행히 영어를 조금 할 수 있어서 우리 상황을

▲ 문제의 오토바이

이해했고 도움을 주셨지. 그분 어머니께서 본인의 오토바이로 조금 떨어진 다른 집으로 가서 휘발유를 구해 오셨고, 그 덕분에 우리는 다시 잘 돌아갈 수 있었단다. 주변에 가게도 없어 아무것도 보답할 수가 없어서 사례금을 드렸더니 절대 받지 않으셔서 그냥 감사 인사만 하고는 출발했었지. 그때는 정말 눈물 나도록 고맙고 어떤 방법이든 찾아서 보답하고 싶었단다. 너희들은 아빠보다도 더 강하게 그분들에게 보답하자고 목소리를 높였었지. 앞으로 여행 일정이 많이 남았으니 어떤 장소에서든 우리들 스스로 적극적으로 다른 사람을 도와주자고 얘기하고 다짐하며 무사히 돌아올 수 있었어. 아마 그분들은 부자여서 우리들을 도와주신 게 아니고, 그런 마음을 가지고 사시기에 부자이실 거야!

아들아, 부자가 되고 싶다면 무조건 다른 사람을 도와줘라!

 아무 이유 없이 남에게 친절을 베풀어라. 부자가 될 것이다.

아빠, 과일이든 무엇이든 답례를 하셨어야죠!

스쿠터를 타고 바람을 즐기다

너희들은 무엇인가 하고 싶은 것이 있으면 기본 내용이나 방법들은 생각하지도 않고 무작정 달려들어서 하려고 하는 면이 있어. 아빠가 친구들과 족구를 하고 있을 때, 너희들도 하고 싶다고 떼를 써서 함께했는데 결국 제대로 공을 넘기지도 못해서 아빠의 즐거운 분위기를 애매하게 했던 것을 기억하니? 그리고 당구장에서는 아직 룰과 방법도 모르면서 함께하겠다고 큐대를 들고 당구를 친 적도 있었지. 무엇인가를 적극적으로 하려고 하는 것은 아주 좋은 태도인 것만은 확실해. 하지만 그와 더불어서 새로운 것을 하기 전에는 반드시 하는 법과 규칙을 배워서 연습하는 것이 중요하단다. 우리들이 살아가는 세상도 마찬가지란다. 도전과 패기만 있다고 내가 바라는 것을 얻을 수 있는 것이 아니고, 관련된 기본적인 공부를 열심히 함께해야지만이 가능하다는 것을 기억했으면 좋겠구나.

운동화 끈을 묶는 법, 자전거 타는 법, 배드민턴 치는 법, 카드게임 하는 법, 낚시하는 방법 등 많은 운동이나 할 것들을 앞으로 너희들은 배울 것이고 즐길 것이다. 그중에 이번에는 오토바이를 배워 보자! 대부분은 오토바이가 너무 위험해서 아예 시도조차 못하게 하는 어른이 많은 것 같아. 아빠는 조금 다른 생각을 가지고 있단다. 기본적으로 타는 법을 잘 숙지하고 법규를 잘 지키면 학창 시절이나 사회 초년생 시절에는 아주 좋은 수단이 될 수 있지. 특히 시간 관리에 있어서 아주 좋은 수단이야. 아빠도 회사에 입사해서 처음에는 오토바이로 출퇴근을 했었으니까. 일단 자동차와 다르게 주차하기가 편하고 자전거보다 속도도 빨라 이동 시간 등을 줄일 수 있어서 스케줄을 더 여유롭게 하거나 더 다양한 활동들을 할 수 있단다.

그래서 여기 바간에서는 기어가 없는 편한 스쿠터를 렌탈해서 도시 전체가 세계문화유산인 붉은 도시를 마음껏 돌아다니기도 하고, 너희들은 처음으로 스쿠터를 직접 배워 보는 기회를 갖기로 했어. 아빠의 오토바이 운전 경험 덕분에 이번 아시아 여행에서는 비용도 많이 절약할 수 있었고 효율적으로 여행 일정도 잘 진행할 수 있었다고 생각해. 특히 이곳 바간과 같은 도시에서는 오토바이가 큰 역할을 했지. 도시 자체가 세계문화유산이다 보니 대중교통 등 편의시설이 도시 곳곳까지 잘 발달될 수 없는데다가 2,300여 개가 넘는 탑과 사원들이 여기저기 곳곳에 산재해 있으니 구경하면서 돌아다니기에는 오토바이가 제격인 거지. 그래서 우리들은 바간에서 가장 아름답고 규모가 큰 아난다 사원, 가장 높은 탓빗뉴 사원, 그리고 일몰이 빼어난 쉐산도 파고다를 포함해서 수십여 개의 사원들을 여유롭게 잘 돌아다닐 수 있었단다. 쉐산도 파고다에서 위험하고 가파른 계단을 올라보았던 황홀하도록 아름다웠던 바간의 전경과 빨간 탑들과 사원이 함께 어우러져 더 붉게 물든 하늘은 너희들과 함께 다시 가고 싶을 만큼 지금까지도 눈에 선해.

▲ 쉐산도 파고다에서의 석양

▲ 형은 스쿠터 타고 동생은 달리고

하지만 너희들에게는 그 어떤 경치와 문화유산보다도 오토바이 첫경험이 가장 기억에 남았을 거야. 바간에서의 셋째 날에 여기저기 사원을 보다가 더위를 피해 바간 골프장까지 가게 되었고, 라운딩 대신 라이딩을 택했지. 골프장으로 들어가는 길은 더운 날이라 골프 치는 사람도 없고 아주 시원하고 멋스러운 가로수로 되어 있어서 햇빛도 막아 주어 연습하기에 제격이었어. 주변에는 어메이징 리조트가 있었는데, 그 이름처럼 우리도 어메이징한 시간을 보낸 것 같아. 아빠가 그랬듯이 너희들도 처음으로 접하는 동력의 세계에 흠뻑 빠져서 긴장감으로 인해 힘들텐데도 쉬지 않고 가로수 길을 왔다 갔다 했단다.

아들아, 오토바이를 탈 줄 알면 가장 중요한 시간 관리를 효율적으로 할 수 있지. 물론 그 전에 도로교통법 등 기본을 익히고 익숙할 때까지 연습은 필수란다. 그 과정을 거치지 않는다면 큰 문제나 사고가 생기고 더 나아가 다른 사람에게 피해를 줄 수 있게 되니, 그 부분은 명심해서 먼저 배우고 익혀야 한단다. 너희들이 만약에 대학 생활을 한다면 자동차보다 아주 유용한 교통수단으로 친구들보다 24시간을 훨씬 알차게 사용하게 될 거야. 이번 여행 중에도 각 나라마다 오토바이 덕분에 새로운 도시임에도 힘들지 않게 보통 여행자들은 가지 못하는 곳까지 많은 곳을 돌아볼 수 있었단다. 이 경험을 소중히 해서 나중에 나이가 들면 오토바이를 타면서 상상의 나래와 함께 너희들의 미래도 마음껏 펼쳐 보길 바란다.

 효율적 시간 관리를 원한다면 오토바이 타는 법을 배워라!

빨리 면허증 따고 싶어요!

벽돌을 만들다

너희들 유명한 물리학자이셨던 아인슈타인 알지? 아마 아직 어려서 상대성이론보다는 우유를 먼저 떠올릴지도 모르겠구나. 그 우유를 마시면 아인슈타인처럼 유명한 학자가 될 수 있다는 제조사의 마케팅이 성공한 듯하구나. 아빠는 지금도 잘 이해하지 못한 상대성 이론을 발표한 분이시고, 노벨 물리학상을 수상한 유명한 분이란다. 아인슈타인을 잘 모르지만 이분이 했던 말씀 중에 아래와 같이 너희들에게 큰 도움이 될 만한 것이 있어 인용해 본다.

> *"가장 중요한 것은 질문을 멈추지 않는 것이다.*
> *호기심은 그 자체만으로도 존재 이유를 갖고 있다.*
> *영원성, 생명, 그리고 현실의 놀라운 구조에 대해 숙고하는*
> *사람은 경외감을 느낄 수밖에 없다.*
> *매일 이러한 비밀이 실타래를 한 가닥씩 푸는 것만으로도*
> *충분하다. 신성한 호기심을 절대로 잃지 말아라!"*
>
> – 알버트 아인슈타인

호기심과 관련해서는 이미 너희들은 충분히 아인슈타인 이상이라고 생각해. 그리고 그만큼 행복할 거라고 믿어. 여행 전부터 그리고 지금 여행하면서 매일 수많은 질문들을 하고 있으니, 너희들의 지적 욕구를 아빠의 지식으로는 한계를 느낀 적도 많아. 사실 아빠도 아직 모르는 것도 많아서 궁금한 것도 많단다. 나이가 들었다고 해서 모든 것을 아는 것도 아니고 호기심이 없는 것도 아니란 것을 이해해 주었으면 좋겠구나. 그리고 앞으로는 여행 동안이라도 질문을 많이 하는 것은 좋으나 신선한 것으로 해 주었으면 하는 바람이야. 궁금한 것들을 다른 사람의 입을 통해 바로 얻으려 하지 말고, 네가 먼저 스스로 머릿속으로 생각해 보고 정리한 후 질문한다면 아빠는 훨씬 더 행복할 것 같다.

호기심은 어떤 문제를 발견하고 해결하는 데에도 도움이 되고 지식으로 쌓일 수도 있으며 이해력을 높이는 아주 좋은 수단이기도 해. 호기심으로 질문을 하다 보면 너희들의 관심사나 재능도 알 수 있고, 어떤 것을 좋아하고 잘하는 것까지도 알 수 있지. 따라서 이를 바탕으로 스스로를 분석하고 발전해 나간다면, 분명 너희들을 행복의 길로 이끌 수 있을 거야. 그러니 가능한 호기심을 통한 재미와 기회를 끊임없이 만들기 바란다.

이곳에서도 너희들은 끊임없는 호기심에서 나온 질문으로 아빠는 조금 피곤했지만, 그래도 너희들에게 옛날 도구나 들풀과 들꽃 등을 알려 줄 수 있는 좋은 기회였던 것 같아. 우리는 지금 미얀마의 껄로(Kalaw)라는 작은 행복 도시에 있단다. 어제 만달레이에서 힘들게 도착했지만 해발이 적당히 높아서인지 덥지도 않고 선선하고 특히나 주변 자연 경치가 너무 좋아서 힐링하는 기분이야. 우리가 머물고 있는 Thitaw lay guest house가 숲 속에 있어서 자연스럽게 아침부터 동네 산책을 나갔었지. 소나무 밭, 언덕 위의 바위 동굴, 작은 사원, 대나무 사원 등을 지나 작은 동네로 들어가니 한국의 70년대의 모습들을 마주할 수 있었단다. 너희들은 동네까지 가는 사이에도 건물, 기계, 과일 나무, 꽃, 그리고 심지어 길가에 있는 풀까지 많은 것을 물었었지. 운

▲ 조용하고 깨끗한 껄로 마을   ▼ 벽돌을 저렇게 만드는구나….

좋게 아빠가 아는 것들이 많아서 의외로 많은 것을 알려 줄 수
있었단다. 특히 집을 고치고 있는 공사 현장에서는 너희들이 서
로 질문하기에 답하느라 진땀을 뺐지만 말이야.

"아빠, 저기 뭐하고 있는 거예요?"

"응, 집 보수공사 하는 중인 것 같은데!"

"저기 흙으로 만들고 있는 것은 뭐예요?"

"거푸집이라는 것으로 벽돌을 만들고 있는 것이란다."

"거미집요? 거미가 살 집이에요?"

"하하! 거미가 아니고 거푸집이라고, 만들려는 물건의 모양대로 속이 비어 있게 만들어서 대량으로 만들 수 있는 틀이란다. 전문용어로는 '주형'이라고 해."

"우와! 신기하다! 저렇게 하면 벽돌이 만들어지는 거예요?"

"그렇지, 이것은 한 번에 세 개씩 만들어 내는 작은 벽돌이란다. 거푸집의 모양과 크기에 따라 다양하게 만들 수도 있어."

"저기 안에 있는 네모 반듯한 판은 뭐예요?"

"벽돌을 만들어서 거푸집에서 쉽게 떨어지게 하는 역할을 하는 거야!"

"아빠, 저도 나중에 커서 벽돌 만드는 사람 할래요!"

"그래? 그럼 엄마 아빠 집도 꼭 지어 줄 거지?"

옛날 거푸집으로 벽돌 만드는 집에서는 아빠가 직접 원리도 설명해 주고 직접 시범으로 만들어 보기도 하니 너희들은 무척이나 신기해하면서 뿌듯해했지. 또 장래희망이 한순간에 바뀌는 신기한 경험을 하기도 했고 말이야. 아빠는 오늘 하루도 너희들 호기심 덕분에 힘들기도 했지만 행복한 시간이었단다.

 행복하고 싶니? 항상 호기심을 가져라!

집을 찍어 내는 거푸집을 만들면 집 만들기가 쉬울 텐데…

환상적 트레킹

아들아! 우리들 삶에 놓여지거나 해야 할 많은 일들이 알아서 자동으로 해결된다면 편한 인생이겠지만, 그렇지 못하니 우리가 직접 자발적이고 적극적으로 해야 한단다. 그런데 아빠를 포함하여 우리들은 나 자신에 대해 스스로 알고 있는 것보다 훨씬 더 큰 잠재능력을 갖고 있단다. 그리고 그 잠재능력은 그냥 확인할 수 없고 무엇인가를 시작해서 진행하는 과정에서 발휘될 수 있지. 그런데 우리는 학교생활이든 직장 생활에서든 가끔은 너무 큰 일에 겁을 내서 혼자서 속으로 고민만 하다가 시작도 못하고 포기하거나 하루 이틀 다음에 하자고 미루다가 그냥 잊어버린 채 살아가지. 그렇게 포기하거나 잊어버린 채 보내 버린 일들은 너희들 성장에 큰 영향력을 줄 수도 있을 거야. 매일 발전하는 삶이 아닌 그냥 그렇게 한곳에 멈춰진 채로 살아갈 거란다.

그러면 어떻게 하면 발전하는 삶을 살 수 있을까? 너희들이 처음으로 홀로 서울에서 광주를 가고자 한다고 가정해 보자. 처음에는 걱정이 태산이겠지. 한 번도 가 보지 않았고 거리도 멀어서 가는 도중에 길을 잃을 수도 있고 사고가 날 수도 있다는 많은 생각으로 인해 시작도 하기 전에 포기하고 싶을 거야. 하지만 이번 껄로 트레킹(미얀마 껄로에서 인레호수까지 가는 등산 트레킹)을 완주한 것처럼 일단 시작하면 되는 거야! 시작하면 대부분은 어떤 방법을 통하든 하게 되는 것이 세상이치란다. 그리고 예정

▲ 자연산 자외선 차단제인 다나카를 바르고

목적지에 도착하지 못하고 대전쯤에서 포기를 한다고 해도 그것
만으로도 많은 것을 해낸 것이고 큰 경험을 자산으로 만든 것이
라고 아빠는 생각한다. 이번 산행처럼 시작할 때는 하루에 12㎞
를 어떻게 걸을까 상상할 수 없었지만, 일단 시작하니 한 걸음이
100m가 되고 1㎞가 되고 10㎞가 되어 결국은 완주할 수 있지.

껄로 트레킹을 한다고 했을 때 엄마는 아빠 무릎 걱정과 더운
날씨 그리고 너희들 체력 걱정으로 절대 하지 말라고 말리셨지.
너희들도 그냥 트럭이나 버스 타고 인레 호수까지 가자고 했었
고 말이야. 충분히 이해는 갔지만, 아빠는 너희들과 도전을 하
고 싶었고 할 수 있다고 믿고 시작했단다. 대신 3일을 줄여서 빡
빡한 2일로 도전을 했지. 우리와 함께 동행한 사람은 독일인 저
널리스트 부부인 줄리와 매뉴얼, 가이드 고표, 요리사 자투 등

▲ 아침 햇살을 받으며 가이드와 함께

모두 7명. 다들 이름이 이상하다고 처음 만나서 한참을 서로 얘기한 기억이 나는구나.

그렇게 시작한 트레킹은 그림 같은 풍경들과 자연 관찰 학습이라고 할 만큼 다양한 풀, 나무, 꽃, 야생과일, 동물, 새 등을 만나면서 힘들 겨를이 없이 나아가고 있었단다. 첫 번째 산중턱에서는 산딸기를 많이 따 먹을 수 있었고, 'Shiny girls'가 애칭인 미모사라는 작은 나무들을 한참을 만지며 놀았지. 한국에서는 쉽게 볼 수 없는 갓 부화한 새끼 새가 있는 둥지를 아주 가까이서 자세히 관찰하는 행운도 있었단다. 신기한 자연을 관찰하고, 현지 자연산 선크림인 다나카 나무를 직접 갈아서 얼굴에 바르며 웃다 보니 저녁 숙소가 있는 해발 1,500m 정도의 마을에 도

▲ 트레킹 중 만난 산골마을 소년 소녀

착했지. 물론 지루한 길도 있었고 식사할 때 불편함도 있었지
만, 너희들은 큰 불평과 문제 없이 하루 일정을 잘 완주했단다.
그리고 밤 늦은 시간에 미얀마 산골에서 함께 보았던 달과 별 그
리고 반딧불이는 그야말로 환상이었지.

다음 날 이른 아침에 바나나와 현지 빈대떡으로 간단하게 아
침을 해결하고 바로 트레킹을 시작했지. 전날 무리를 했는지 오
늘따라 너희들의 속도가 느리더구나. 너희들은 더위에 지쳐 자
꾸 쉬자고 하는데, 힘 좋은 독일인 부부는 저만치 앞서서 걷기
시작하니 아빠는 조금 난감했었다. 그래도 도중에 아주 큰 여치
도 보고, 카멜레온, 화이트치킨, 대나무 꽃, 매미 등등 현지에
서 기생하는 곤충 및 식물들을 보고 배우면서 재미있게 트레킹
을 할 수 있었어. 특히 60년 만에 한번 꽃이 핀다는 대나무 꽃도
보아서 앞으로 우리 여행에 좋은 일만 있을 것 같다는 느낌도 받
았지. 마지막 두 시간은 오르막 내리막과 함께 덥고 그늘도 없
고 걸어도 걸어도 목적지인 호수는 가까워지지 않아서 힘들었지

1. 아시아 117

▲ 하루 종일 지친 트레킹으로 잠들어버린 녀석들

만, 결국 완주하고 우리의 새로운 목적지인 인레 호수까지 무사
히 도착할 수 있었지.

　어때? 완주하니까 괜찮지? 많은 일들이 이와 비슷하단다. 걱
정되고 불가능처럼 보이지만 한 걸음부터 시작하면 이렇게 목표
지점에 이를 수 있어. 그러니 큰 과제나 프로젝트가 있을 때는 이
번의 경험을 거울 삼아 당장 할 수 있는 작은 것이라도 찾아서 한
걸음씩 시작해 보는 게 어떨까? 그렇게 반복하다 보면 너도 모르
는 너의 잠재력을 깨워서 목표 이상으로 성취할 수 있을 거야!

 시작만 하면 나를 능가하는 목표를 달성할 수 있단다.

너무 힘들어요. 하지만
아빠와 함께라면 할 수 있을 것 같아요!

최고의 만찬

아들아, 우리는 지금 수많은 사람들을 만나면서 여행을 하고 있다. 그러면서 또한 수많은 인연을 만들어 가고 있단다. 인연이란 사람들 사이에 맺어지는 인간관계를 말하는데, 인연에는 우리가 기차나 버스에서 잠깐 스쳐 가는 짧은 것도 있고 학교나 직장처럼 몇 달 또는 몇 년 걸리는 것도 있고 아빠와 엄마 또는 아빠와 너희들 관계처럼 평생을 함께하는 것도 있단다. 사람이 태어나서 죽을 때까지의 삶을 간단하게 표현하면, 사람들과 만나고 헤어지는 것이라고까지 얘기할 수 있지. 그만큼 사람은 사람과 함께 살아갈 수밖에 없는 것이란다. 그래서 아리스토텔레스는 끊임없이 타인과의 관계하에 존재하고 있다고 하여 '인간은 사회적인 동물'이라는 유명한 말도 했지.

인연이 소중하다고는 하지만, 모든 관계되어 있는 사람과 인연을 맺을 수는 없단다. 특히 요즘처럼 혼자서 하기를 편하게 생각하는 개인적인 사고방식과 주요한 소통이 온라인인 상황에서는 인간관계를 더욱더 조심스럽게 해야 할 것 같아. 옛말에

▲ 루앙프라방 아침 탁밧 행렬　▼ 루앙프라방 왓 시앙통 사원

'어리석은 사람은 인연을 만나도 몰라보고, 보통 사람은 인연을 알면서도 놓치고, 현명한 사람은 옷깃만 스쳐도 인연을 살려낸 다.'고 했듯이 너희들은 만남을 항상 소중히 여겨 어리석은 사람 이 되지 않기를 바란다.

　우리는 오늘 네팔 포카라에서 시작된 작은 선의가 새로운 인 연으로 연결되어 이곳 라오스 루앙프라방에서 박 교수님을 만 나 뵐 수 있었고, 이곳에서 9년째 살고 계시는 덕분에 관광과 식 당 등 좋은 정보를 많이 얻을 수 있었단다. 너희들이 많이 마음 에 들었는지 그분도 비슷한 또래의 자녀가 있다고 하시면서 저 녁 초대까지 해 주셨지.

하루 종일 루앙프라방에서의 즐거운 여행을 마치고 저녁에 교수님 댁에 갔는데, 상차림이 장난 아니었어. 우리는 그렇게 다른 교수님과 목회하시는 분들 및 자녀들까지 모두 함께 화기애애한 시간을 보냈단다. 특히 우리 삼부자에게는 2개월 만에 처음으로 접한 삼겹살, 목살, 겉절이 김치, 묵은 김치, 파김치, 오이무침, 고추무침, 깻잎, 된장찌개 등으로 포식을 했지. 먹는데 온 신경을 집중하느라 아빠가 사진 한 장 남기지 못한 것이 못내 아쉽구나.

세상은 어쩌면 이렇게 작은 인연으로 서로 돕고 돕는 릴레이가 아닐까 하는 생각이 들었어. 우리도 오늘 받은 환대를 앞으로 지나갈 많은 나라들에서 누구에게든 꼭 다시 되돌려 줄 수 있도록 하자. 나중에 언제가 기회가 되어 라오스 루앙프라방에 오게 되면, 꼭 맑고 밝았던 박교수님 가족들께 식사 대접을 하고 싶어. 그때는 너희들이 어떤 모습일지 궁금하구나. 너희들도 오늘 인연 잊지 말고 소중하게 잘 간직하길 바라.

 사람에게는 사람이 필요하니
짧은 인연이라도 인연을 소중히 해라.

저희도 사람 만나는 게 좋아요.
그렇지만 지금은 아빠만 있으면 돼요!

대낮의 사고

우리는 지금 인도와 네팔 여행을 마치고 방콕에 있다. 도착한 날 너희들이 했던 말이 생각나는구나.

"아빠, 가로등도 있고 신호등도 있어요!"

"야! 도시야, 반갑다."

"아빠, 여기서 많이 쉬었다 가요!"

맞아. 아빠도 비슷한 느낌을 받았어. 지난 두 달이 넘게 인도와 네팔에서 고생했지? 그동안 우리도 모르게 환경에 적응하느라 자연 친화적인 사람이 되었나 봐. 겨우 두 달 지났을 뿐인데 도시를 까마득히 잊고 자연인이 된 기분이야. 다행히 우리는 여기서 미얀마 비자만 받고 나머지는 쉴 예정이란다. 인도에서 경험 있는 여행자를 만난 덕분에 우리의 일정까지 조정해서 예정에 없던 미얀마를 가기로 했지.

제일 급한 것이 비자라 다음 날 바로 비자를 발급 받았어. 크게 어렵지 않게 짧은 시간 내에 잘 받았으니, 이발도 하고 맛있는 것도 먹고 주변 관광만 간단하게 할 겸 시내로 향했지. 일단 우리는 인도와 네팔에서 신으로 추앙받는 소고기, 돼지고기 등을 못 먹는 바람에 방콕에서는 거의 매 끼니마다 육류를 먹었어. 물론 우리 삼부자 모두가 사랑하는 타이의 대표 음식인 팟타이와 똠양꿍도 자주 먹었고 말이야. 호텔 주변 현지 식당과 전철로 이동하여 큰 몰 등 모처럼 맛집을 찾아가며 짧은 보상을 즐겼지. 특히 다양한 음식을 먹을 수 있었던 시암 스퀘어에 자주 들렀어.

그리고 우리가 제일 좋아하는 망고를 먹기 위해 통로로 향했어. 통로 전철역에서는 운 좋게 좋은 가격에 이발도 할 수 있었지. 전철역에서 나오자, 망고 가게들이 많았어. 크고 예쁘고 향기로운 망고가 여기저기 산처럼 쌓여 있었지. 가격도 마음에 들었고 말이야. 망고도 많이 먹고 특히 망고밥을 추천해 주어서 먹었는데, 새로운 파라다이스가 펼쳐지는 듯한 맛이었어. 배가 부른데도 우리는 내일 죽어도 좋을 사람처럼 원 없이 추가로 주문해서 먹었단다. 나중에 방콕을 온다면 통로 주변에 숙소를 정해서 언제든지 망고와 망고밥을 즐기고 싶구나.

그리고는 시간을 내어 태국을 느끼러 이곳저곳을 누비고 다녔지. 암파와 수상시장에서 현지인의 삶들도 보고 다양한 음식을 저렴한 가격에 맛있게 즐기고 돌아왔어. 시내는 많이 덥다 보니 시원한 강바람을 맞기 위해 차오 프라야 강에서 보트를 타고 시장 및 사원을 구경했는데, 사원이나 현지 시장 등은 많이 봐 왔기 때문인지 너희도 별로 감흥이 없어 했어.

▲ 통로의 최고 망고 맛집

다시 돌아와서 전철을 타러 가기 위해 이동을 하는데, 갑자기 승빈이가 사라지고 없는 거야! 뒤돌아 찾아보니, 인도에 있는 가로등을 이마로 박은 모양이었어. 한쪽 구석에 앉아서 이마를 만지며 아파하고 있더구나. 걱정되어 가서 확인하니 이마에 큰 혹이 나 있었어. 얼마나 아플까 걱정되는 마음에, 어찌나 마음이 아프던지…. 그런데 찬형이는 이해할 수 없다면서 상황이 우스운지 크게 웃었지. 주변 현지 사람도 승빈이에게 미안한지, 크게 웃지는 못하고 작은 웃음을 터트리더구나. 승빈이도 조금 적응이 됐는지 이제는 얼굴도 조금 펴지고 정신을 차린 듯해. 그래서인지 아빠도 참았던 웃음이 나오더라고. 많이 아팠을 승빈이 너에게는 미안하지만, 상황과 모습에 나도 모르게 웃음이 나왔

▼ 대낮의 영광의 혹

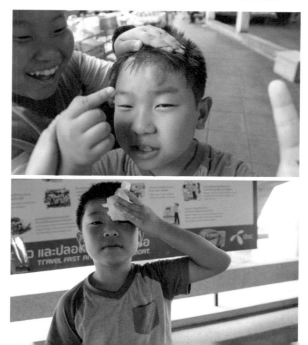

단다. 그래도 눈이나 코가 크게 다치지 않아서 천만 다행이야.

아들아, 걸을 때나 운전할 때는 항상 앞쪽을 잘 살펴봐야 한단다. 설령 다른 생각을 하더라도 시선은 앞쪽을 봐야 하고, 가능한 찻길이 아닌 안쪽으로 걷는 것이 좋단다. 이런 것은 습관적으로 몸에 밸 수 있도록 노력했으면 좋겠다. 깊은 생각을 해야 한다면 잠시 멈춰서 생각을 잘 마무리하고 다시 가던 길을 가는 것이 마음이 편할 거야. 아직은 모든 것에 호기심이 많은 나이라는 것을 아빠가 이해 못하는 게 아냐. 하지만 우리가 목적지를 가지고 이동할 때는 주변 경치나 사람들을 구경하거나 생각의 상상 속에 빠져 있으면 안 될 것 같아. 오늘 이 경험으로 너의 몸도 소중히 하고 상상은 멈춰 있는 공간에서 차분히 하기를 바라. 너의 상처가 빨리 아물었으면 좋겠다.

 걷거나 차량으로 이동할 때는 항상 앞쪽을 잘 살펴야 한다.

모르겠어요! 눈 떠 보니 이마에 혹이 크게 나 있었어요.

06

우즈베키스탄 Uzbekistan __

실크로드 타슈켄트

　실크로드에 대해 들어 보았지? 비단길의 중심지인 중앙아시아의 우즈베키스탄에 우리는 있다. 아빠가 여행하면서 간단하게 설명은 해 주었지만 아직 전체를 이해하기에는 조금 힘들었을 거야. '비단길'이라고 하는 실크로드는 고대 중국과 중앙아시아, 서부아시아, 인도 등을 포함한 서역 나라 간에 주로 비단을 비롯한 여러 가지 무역을 하면서 정치·경제·문화를 이어 준 교통로를 모두 일컫는 말이란다. 비단길은 중국 중원(중국북부 황하 강 유역)에서 지중해까지의 약 6,400㎞ 정도되는 긴 교역로인

▼ 가장 오래된 코란이 있는 하스트 이몸 모스크

▲ 타슈켄트 브로드웨이 거리 ▼ 티무르 동상과 광장 거리

데, 그 실크로드 중심에 우즈베키스탄이 있단다.

이 나라는 지리적으로 유라시아 대륙의 중앙에 위치하여 알렉산더 대왕, 칭기즈칸, 티무르 등이 정복하고 각 시대의 제국에 포함되면서 다채롭고 화려한 문화가 발달해 왔지. 특히 티무르 제국시대의 아미르 티무르 왕은 실크로드의 문을 열고 세계를 소통시킨 업적으로 이곳 현지인들로부터 영웅으로 추앙받고 있고, 수도인 타슈켄트 시내 곳곳에서도 그의 흔적을 찾아볼 수 있었단다. 도시 정중앙에 위치해 있는 넓은 아미르 티무르 광장과 위엄 있어 보이는 동상 그리고 바로 근처에 있는 티무르 박물관에서 우즈베키스탄의 전설인 그를 느낄 수 있었지.

쉽게 올 수 없는 낯선 이 나라에 첫발을 내디뎠을 때, 공기와 도시가 깨끗하고 사람들이 좋다는 인상을 받았어. 구소련 독립 국가연합의 한 나라로 사회주의 국가였다는 선입견이 있었는데, 국민들이 친절하고 항상 웃어 주니 한결 마음이 놓이고 이 나라가 마음에 들더구나. 그리고 강제 이주해 온 고려인에 대해서 같은 민족으로서 미안함을 가지고 있었는데, 다행히 대부분의 고려인들은 성실해서 잘 산다고 하니 마음도 한결 편해졌단다.

현지 사람들을 만나기 위해 무작정 걸어 다니기도 하고 음식 문화 등 생활상을 보기 위해 전통시장인 바자르로 향했지. 초로수(Chorusu) 바자르는 시내에 있어서 가기 편하지만, 아빠는 개인적으로 멀지만 고려인들도 많고 다양한 제품들이 더 많은 꾸일육 바자르가 더 마음에 들었단다. 시장을 둘러보면서 느낀 것은 이곳 사람들은 삶이 여유롭지 않지만 현재 처해 있는 환경을 받아들이고 그 안에서 최선을 다하고 안분지족하는 모습들을 보인다는 점이었어. 그리고는 러시아 영향을 받아 발달한 예술 극장인 나보이 오페라 발레 극장도 둘러보고, 대학로와 비슷한 느낌이 나는 자유와 낭만이 있는 브로드웨이 거리도 방문했지. 불과 만 원도 안 되는 가격에 발레와 오페라를 거의 매일 즐길 수 있는 타슈켄트 시민이 부러운 것은 아빠만의 생각은 아니겠지? 나중에 아빠는 기회가 되어 오페라 카르멘과 발레 백조의 호수를 보았는데 모든 것이 만족스러웠단다. 다음에 오게 되면 꼭 함께 공연을 즐겨 보자꾸나!

▲ 중앙 아시아에서 말타기

우리들이 지리도 언어도 낯선 타슈켄트에서 여기저기 쉽게 다닐 수 있었던 것은 특이한 교통수단 덕분이 아닌가 싶어. 우리나라처럼 공식적인 택시가 있기는 하나 이 나라는 특이하게 모든 개인 승용차가 택시였지. 길을 가다가 어디서나 손을 들면 차가 서고, 정해진 가격 안에서 협의하면 원하는 곳에 데려다주었잖아. 그리고 사람이 착한 만큼 아주 안전하고 믿을 수 있어서 다른 나라 관광지보다 훨씬 마음 편하게 돌아다닐 수 있었지.

아빠는 우즈벡은 러시아 영향으로 러시아정교가 국교인 줄 알았는데, 이슬람교가 거의 90%라고 하고 이슬람 사원이 많아서 조금 놀랐단다. 그래서 먼저 이슬람 관련 유적지를 둘러보기로 결정했지. 둘러본 곳 중에서 예전에 이슬람학교였는데 지금은 상가 등 다양한 용도로 사용하고 있는 쿠켈다쉬 메드레세와 자미 모스크 사원 그리고 세계에서 가장 오래된 코란이 있는 하스트 이몸 모스크가 가장 기억에 남아. 신기한 것은 아랍문자로 된 코란 한 페이지가 너희들 몸만큼 크다는 것이었어.

그리고 우리는 시간을 내어 현지인들에게 최고의 휴양지로 꼽히는 침간산과 차르박 호수로 향했지. 침간산은 해발이 3,300m가 넘어 더운 여름에는 무더위를 피하기 위한 휴양지이고, 겨울에는 스키장으로 변신하는 우즈벡의 대표 관광지란다. 타슈켄트 시내에서도 산 위에 하얗게 덮인 만년설을 볼 수 있는 아름다운 산이야. 우리는 이곳에서 말을 타고 침간산의 설산에 가서

▲ 다정해 보이지만 왠지 불안한 아기와 아빠

호연지기를 기르고 유목민들의 삶을 조금이나마 느끼는 시간을
가졌지. 에콰도르에서 탔던 말들보다 힘이 좋고 잘 달려서 아빠
는 아주 행복한 시간이었단다. 이번에는 여러 사정으로 실패했
지만 나중에는 너희와 꼭 몽골에 가서 끝없는 초원을 말과 함께
달리며 무아지경을 경험하고 싶구나.

리프트를 타고 올라간 전망대에서 바라보는 풍경은 평화롭고
여유로워 보이는 녹색 세계로, 이곳에서 살고 싶다는 생각까지

하게 만들었지. 스릴 있는 리프트를 타고 내려와 수상스포츠와 패러글라이딩 등 각종 스포츠를 즐기기 위해 현지인들에게도 인기인 차르박 호수로 이동했어. 우즈벡은 내륙 국가이기에 바다가 없는 탓에 그나마 차르박 호수에서 주로 여름 휴가를 즐긴다고 해. 하지만 기대와는 달리 호수의 물도 적은 편이고, 주변 경치는 슬로베니아 호수 등에는 견줄 정도는 아닌 듯하더구나.

힘든 일정을 마치도 돌아와서 우리는 현지 전통음식으로 하루를 피로를 말끔히 날려 버렸어. 이 나라 국민들의 주식인 리뾰슈카 빵을 시작으로, 다양한 종류와 모양으로 나온 만두와 비슷한 쌈사, 기름이 많이 느끼할 것 같았지만 의외로 맛있었던 볶음밥 쁠로프, 다양한 과일과 야채가 한가득 샐러드, 소고기 ·

▼ 차르박 호수에서 패러글라이딩을 즐기는 현지인

닭고기·양고기 등을 쇠꼬치에 꿰어 숯불에 구워 내 최고의 맛을 자랑하던 샤슐릭까지 만찬을 즐겼단다. 특히 너희는 고기 애호가답게 배가 부름에도 불구하고 샤슐릭을 더 주문해서 마음껏 느끼고 즐기는 모습에 아빠도 덩달아 흐뭇해졌고 너희를 위해 돈을 많이 벌어야겠다는 현실적인 생각도 했단다.

아들아, 타슈켄트에서 보냈던 시간들은 고려인들이 많은 아시아여서인지 우리에게 더 특별하게 다가오는 듯싶다. 처음에는 옛날 소련의 일부였고 사회주의였기에 긴장도 하고 걱정도 많이 했는데 막상 와서 부딪히고 생활해 보니 그 어떤 나라보다 안전하고, 비록 언어 소통이 힘들었지만 특히 사람들이 좋아서 마음 편하게 한국처럼 돌아다닌 것 같아. 그래선지 이 나라가 빨리 경제적으로 발전해서 사람들이 여유 속에 더 즐겁고 행복하게 살았으면 하는 바람이야.

사람이 좋다. 정(情)은 어디서든 통한다.
언제가 좋은 사람들과 대평원을 마음껏 말 달리자!

저희도 건강하고 힘센 말로 꼭 해 주세요!

2. _유럽

France • Luxembourg • Belgium • Netherlands • Czech • Germany • Austria •
Slovenia • Slovakia • Poland • Croatia • Macedonia • Italy • Greece

07

프랑스 France _____

유럽 캠핑

　장시간 비행을 하고 도착한 파리! 공항을 빠져나오니 아시아의 후텁지근한 공기와 많이 다르고 시원해 너희들도 마냥 좋아하는구나. 입국심사도 모든 나라를 통틀어 가장 빠르고, 작성하는 서류 또한 한 장 없고 말이야. 우리는 드디어 두 번째 대륙인 유럽에 와 있다. 이제까지 아시아에서 주로 걸으면서 고생이 많았지? 여기 유럽에서는 우리 애마(시트로엥 피카소)가 있으니 아시아보다는 덜 힘들 거야. 대신 잠은 캠핑장의 텐트 안에서 자야한단다. 재미있는 캠핑 생활에 푹 빠져 보자꾸나!

　우리는 프랑스부터 시작해서 베네룩스 3국을 지나 동유럽 등 20여 개국을 3개월 동안 여행할 예정이란다. 이번 유럽 여행에서는 특히나 너희들이 공부해야 할 시간이 많을 거야! 아직 너희가 세계 역사를 이해하기에는 조금 이른 감이 있지만, 그래도 필요하니 공부를 해야 할 것 같아. 그래야 유럽을 재미있게 돌아다닐 수 있거든. 사실 아빠가 세계사에 조금 약해서 걱정이기는 하지만, 아빠도 열심히 공부해서 즐거운 여행이 되도록 할게. 여행은 준비하는 만큼 아는 만큼 볼 수 있고 즐길 수 있다는 말을 알지? 그 즐거움을 위해서는 항상 한 시간 정도는 역사 공부에 투자할 가치가 있으니, 기분 좋은 마음으로 꾸준하게 함께 하기를 바라.

일단 유럽의 역사를 간단하게 얘기해 줄게. 아주 옛날 초기 유럽인들도 우리 조상과 별로 다를 것 없이 주로 사냥이나 채집을 하며 살았단다. 그리스에 도시국가를 형성하면서 농업·목축업·광업을 생업으로 시작했고, 그로 인해 상업과 무역이 발달하면서 유럽문화의 기초가 다져졌지. 이후 지중해 중앙에 로마가 건국되고 지리적 여건으로 크게 성장하면서 4세기 말에는 아시아와 아프리카까지 포함한 대제국이 되었단다. 이후로 로마는 서부 유럽을 500여 년간 통치했고 여러 지역에 많은 영향을 주었어. 다른 나라나 부족을 정복해 가면서 군사기지와 무역이 크게 발전했는데, 그때의 중요 도시가 현재 유럽의 대도시 모태가 된 것이란다. 그 시절 우리나라도 고구려·백제·신라로 이루어진 삼국이 치열하게 영토 전쟁을 하고 있었단다.

커진 로마는 동로마와 서로마로 갈라졌다가 서로마는 망하고 동로마는 15세기까지 거의 1000년 동안 동유럽을 지배하면서 정치·경제·문화 등 다양한 분야의 발전에 큰 영향을 주었다. 이 시절에 가장 중요한 것이 그리스도교와 로마법률이었지. 그리스도교는 번창했던 로마시대의 국교가 되면서 종교였음에도 정치 · 경제 · 문화 · 사회 전반에 걸쳐 막대한 영향력을 발휘했고, 당시 교회와 수도원은 종교 그 이상의 중심지로 발전하였단다. 너희들이 앞으로 여행할 나라들에서 우리들이 대부분 볼 수 있는 유명한 것들이 교회나 성당인 것도 그 때문이란 생각이 들어. 그래서 종교 이해 없이는 유럽 역사 및 세계 역사를 제대로 알 수 없는 거야.

9세기 말에 종교 및 왕권 다툼의 평화조약으로 프랑크 왕국이 세 개로 분리 되는데, 이것이 현재의 프랑스 · 독일 · 이탈리아의 기본이 되었다고 볼 수 있어. 11세기에는 너희들도 자주 들은 십자군 전쟁이 시작되었지. 그리스도교를 기본으로 하는 나라들이 자꾸만 서아시아 이슬람교 세력에 의해 점령되기 시작하자 위기를 느끼면서 유럽 나라들이 이교도를 몰아내고 예루살렘을 차지하기 위한 명목으로 전쟁을 시작한 거야. 13세기까지 8차례에 걸쳐 전쟁을 했는데, 초기에는 종교적 명분이 강했지만 갈수록 왕과 교황의 권력을 위한 전쟁으로 변질되었단다. 십자군 전쟁으로 인해 교황들의 입지가 약해지고 왕권이 강화되는 결과를 가져오면서 유럽 국가들이 근대국가로 넘어가는 큰 계기가 되었지.

이후 중세 신 중심의 사고에 대한 저항과 고전문화에 대한 흥미로 르네상스 시대가 열리고, 르네상스에 기반을 둔 과학적 사고와 방법은 기계문명과 기술문명을 발전을 가속화했단다. 기계와 문명 발전 덕택에 더 많고 새로운 무역로 개척이 필요해진 유럽인은 15~16세기에 인도항로와 신대륙을 개척하면서 대발견 시대를 열었지. 하지만 무역 성격이었던 유럽 팽창은 식민지 개척으로 이어지고, 이 시기에 물질적 부를 많이 이루었단다. 이후로 1세기 이상 동안 근대적 특징을 가진 다양한 혁명과 나폴레옹 전쟁을 치르고 나서 강대국들(영국·네덜란드·오스트리아)끼리 영토를 서로 주고받으며 평화를 유지했단다.

하지만 평화협정도 잠시. 19세기 말부터는 선진 제국들이 경쟁적으로 전 세계를 식민지화하는 데 집중하다가 결국 열강 간의 식민지 쟁탈전인 세계 1차 대전이 발발하지(1914). 3국 연합의 영국·프랑스·러시아와 3국 동맹인 독일·이탈리아·오스트리아 간 전쟁인데, 미국의 연합군 참여로 결국 연합군이 승리하면서 5년간의 전쟁이 끝났단다. 이때부터 제3세계인 미국이 득세를 하고 다시 발발한 2차 세계대전에서까지 미국이 큰 활약을 하면서 세계의 중심에서 서게 되어 지금까지도 강국으로 자리매김하고 있지. 한국도 2차 대전에는 관련이 아주 깊단다. 근데 2차 세계대전에서 패망하여 미국·영국·프랑스·러시아에 의해 나뉘어졌던 독일이 지금은 유럽에서 가장 안정적이고 강력한 나라가 되었어. 왜 그런지 궁금하지? 그 얘기는 나중에 또 해 줄게.

아주 간략하게 유럽 역사를 얘기해 보았는데, 어때? 재미있지? 앞으로 각 나라별로 자세하고 재미있는 역사를 배우게 될 거야! 너희들 스스로 너무 어리다고 그리고 어렵다고만 생각하지 말고 흥미를 가지고 종교나 역사 공부를 하다 보면 여행도 훨씬 즐겁게 다가오고, 앞으로의 너희들 인생에도 많은 도움이 될 거란다.

 여행은 아는 만큼 보인다니
앞으로 갈 나라나 도시의 역사에 대해서 열심히 공부하자.

 신기하고 재미있기는 한데
여행하면서 공부할 것이 너무 많아요!

200유로면 됩니다

살아가면서 돈을 버는 것도 중요하지만, 낭비하지 않고 잘 아껴서 쓰는 것 또한 아주 중요하단다. 이번 우리 여행도 꽤 많은 비용이 소요될 것이라 여러 부분에서 많이 아끼려고 아빠는 애쓰는 중이야. 협상의 여행이라고 해도 손색이 없을 정도로 모든 분야에서 가격을 협상하면서 다니고 있지. 비행기는 얼리버드 항공권이나 저가항공을 이용하고, 환승이 많은 노선을 이용 또는 항공사 마일리지를 구매해서 사용하는 방법 등을 이용하면 꽤 좋은 가격으로 여행할 수 있단다. 숙박의 경우, 성수기는 사이트를 통한 예약이 유리하지만 비수기에는 사이트로 검색만 하고 숙소 주변에 가서 직접 가격을 협상하면 사이트보다 많은 할인으로 하룻밤을 보낼 수도 있지. 식사 비용은 직접 재료를 사다가 요리해서 먹을 때 가장 절약할 수 있지만 항상 그럴 수는 없으니, 식당에서 준비한 세트 메뉴를 시키거나 따로 세트 구성을 해서 원하는 가격으로 협상 하면 어느 정도는 좋은 가격에 식사를 할 수 있어. 이때의 가격이나 메뉴 협상은 일반 점원과는 하지 말고 반드시 매니저나 주인에게 직접 원하는 것을 요청해야 한단다.

우리의 이번 유럽 여행은 캠핑이 주제인 만큼 미리 많은 것을 준비할 필요가 있어. 캠핑카는 비싸기도 하고 이동하는 데 많은 시간이 소요되기 때문에 일반 자동차를 리스하여 승차감과 이동의 이점을 충족하기로 했지. 여러 조건을 적용받아서 프랑스의 대표 브랜드인 시트로엥의 그랜드 c4 피카소를 아주 좋은 가격에 계약할 수 있었어. 새 차를 공항에서 받았을 때 차량등록증이 아빠 이름으로 되어 있는 걸 보고, 꼭 파리 시민이 된 듯한 묘한 기분에 기분이 좋아지기도 했단다.

다음으로 제일 중요하고 많은 용품들이 필요한 캠핑 관련해서는 고민이 많았어. 캠핑 관련 제품들은 구매하거나 렌탈을 하기로 방법을 찾기 시작했지. 파리에서 데카트론이나 까르푸에서 쓸 만한 텐트 등 관련 용품을 사서 유럽 여행을 끝낼 때는 다른 여행자에게 기부하거나 팔까도 생각했어. 그런데 구매 비용과 나중에 팔고자 할 때 등 절차를 생각하니 어려울 것 같아서 렌탈을 하기로 결정했지. 우여곡절이 있기는 했지만 다행히 파리에 살고 있는 한국 사람과 연락이 되어 관련 용품 일체를 200유로

▲ 첫 번째 캠핑

에 빌리기로 했단다. 텐트 하나 값으로 모든 용품을 빌릴 수 있어서 한결 마음이 편해지는구나.

이렇게 차량 리스와 캠핑 관련 모든 용품을 해결하니 물가가 비싼 유럽에서도 큰 낭비 없이 즐겁게 여행을 할 수 있을 것 같아 벌써부터 유럽 여행이 기대된다. 이제는 차도 있고 텐트도 있으니, 언제 어디서든 잘 수 있고 너희들이 원할 때 먹을 수 있도록 해 줄 수 있을 것 같아. 그런데 음식은 매번 어떤 메뉴를 어떻게 요리하지?

 돈을 아끼는 다양한 방법을 찾고 습관화하면 삶이 더 즐겁다.

돈을 쓰면서 아낀다는 것이 어려워 보여요.

악! 자동차 테러

옛말에 '호랑이한테 잡혀가도 정신만 차리면 산다'는 말이 있어. 그 속담처럼 우리도 이번에 파리의 마지막 날에 아주 힘든 일이 발생할 뻔했는데 휩쓸리지 않고 정신차린 덕에 우리 가족 모두 무사할 수 있었단다. 어쨌든 오늘은 이제까지 했던 세계여행 중 가장 다이내믹하고 황당한 하루였어.

사고 후에 알아보니 파리 북쪽 18지구 주변에서 외국 관광객의 차를 고장 낸 후 배낭 등 소지품을 뺏는 금전적·신체적 사고가 빈번하게 발생된다고 하는구나. 아빠 이름으로 리스한 차는 외국인 등록 표식으로 빨간색 번호판이다 보니 그들에게 쉽게 표적으로 노출된다고 해. 만약 그들이 원하는 대로 따라가면 모든 배낭, 돈, 자동차까지 뺏기고 심지어는 몸도 다치는 불상사가 생긴다고 하니, 추억 만들어 온 여행이 불행한 기억이 되지 않도록 조금만 더 정신차리고 여행하자.

오늘은 2주간의 엄마와의 동행을 마치고 엄마는 한국으로, 우리들은 다시 우리들만의 일정대로 중동 두바이로 가는 날이야. 아침 일찍 일어나 노틀담 성당을 둘러보고, 마레 지구에서 쇼핑과 식사를 한 후, 엄마를 북쪽에 있는 공항에 배웅해 주러 가는 길. Marx Dormoy 지하철역 부근에 가니 도시 분위기가 갑자기 낯선 풍경으로 바뀌더구나. 나중에 알게 되었지만 이 역의 이름인 Marx Dormoy는 프랑스 정치인 이름인데, 혼란스럽던 20세기 초를 살다가 폭탄테러로 그 생을 마감했다고 해. 아빠는 이상한 기분에 엄마와 대화를 나누었어.

"여보, 여기 분위기가 이상한데? 파리 같지가 않아."

"그러게. 거리에 돌아다니는 사람들이 젊은 아랍 사람들이 많은 것 같네. 간판도 그렇고."

"공항 가는 길은 맞겠지? 내비게이션은 잘 작동되는 것 같은데…."

"북쪽으로 맞게 가고 있는 것 같아. 근데 가게, 식당, 정육점이 모두 아랍인 대상인 것 같아!"

"유럽의 마지막 날이니 별 탈 없이 공항에 잘 도착하면 좋겠다."

이런 대화를 하며 아빠는 '정신차려서 무사히 공항에 잘 가야지.' 하고 생각했단다. 그런데 몇 분 지나지 않아 신호대기 하고 있는데, 차가 조금 이상해진 기분이 들었어.

"아빠! 옆에 사람이 뭐라고 해요!"

"아빠, 차가 느낌이 이상해요!"

"밖의 아저씨가 차를 보고 뭐라 하는 것 같아요!"

"아빠, 뒷바퀴가 펑크 났나 봐요!"

말을 듣고 보니 차가 오른쪽으로 조금 기운 느낌이 드는 거야. 대충 보니 두 명은 오토바이를 타고 자동차의 좌우에 각각 있고, 한 명은 뒤쪽 인도 부근에 있는 것이 뭔가 나쁜 일을 계획하는 듯한 느낌이 들었어. 그리고는 오른쪽 오토바이를 운전 중이던 아랍 청년이 차가 펑크가 났으니 정비소로 안내해 준다고 우회전을 하라고 하는 것 같았지. 갑자기 심장 박동과 호흡이 빨라지고 땀도 조금씩 나면서 불안이 엄습하기 시작했어.

일단은 아빠 의지로 상황을 이끌어야 한다는 생각에, 그들의 말대로 우회전해서 따라가지 않고 그냥 직진을 했지. 다음 빨간 신호등에 대기하고 있으니, 조금 전에 보았던 아랍인들이 오토바이를 타고서 양 옆쪽에서 자기들이 알아서 고쳐 준다며 다시 우회전을 하라는 거야! 그래서 확실히 나쁜 사람이라고 인식을 하고 그냥 알려 줘서 고맙다고만 하고 창문을 올린 후 대로변에 있는 자동차 정비소를 찾기 위해 천천히 직진했지. 두 번 정도의 신호를 더 지나 다행히 현지 프랑스인 운영하는 정비소를 찾아 주차를 했단다.

그런데 오토바이 탄 두 명의 아랍인이 그곳까지 쫓아와서는 자기들이 아는 곳으로 가자는 거야! 그리고 뒷자리에 앉아 있는 너희들 보고 문을 두드리며 뭐라 뭐라 하고 있기에 얼른 쫓아가 그냥 가라고 몸으로 저지했지. 이것을 본 프랑스인 정비소 사장과 직원들이 아무 말도 하지 않자, 아빠도 조금 무서워지기 시작했어. 비행기 시간은 다가오고 정비는 될지 안 될지 모르겠는데, 아랍 사람들은 또 알 수 없는 말로 귀찮게 하고…. 정말 혼이 빠진 듯 정신이 없었단다. 위급한 상황을 인지하고 너희들에게는 많은 배낭과 짐들을 잘 지키라고 부탁하고 아빠는 자동차 문제 해결에 나섰지. 영어가 짧은 정비소 주인과 어렵게 의사소통을 시도했어.

"아저씨, 저 공항에 2시간 안에 가야 하는데 가능해요?"

"보시다시피 지금 차들도 밀려 있고 타이어가 많이 찢어져 수리가 아닌 교체를 해야 해서 시간이 조금 걸리겠는데요?"

"조금 전 보았던 아랍 친구들이 일부러 칼로 타이어를 찢은 거란 말이에요!"

"안됐네요. 그래도 안 따라가고 우리 정비소로 와서 목숨은 건진 것 같네요."

"감사합니다. 그러니 상황 좀 이해해 주시고, 중고든 새것이든 그냥 간단하게 교체만 해 주세요!"

"그래도 시간은 조금 걸릴 거예요. 일단 등록부터 하세요!"

그렇게 손짓 발짓으로 상황을 대충 설명하고 이해를 구해 차로 돌아오니, 그 친구들은 포기했는지 가고 없었지. 다행히 정비소 주인의 큰 도움으로 정비를 마치고 공항으로 이동하기 위해 모든 짐들을 차에 싣다가 작은 가방 한 개가 사라지고 없는 것을 발견했어. 결국 혼란한 틈을 타서 그놈들이 재빠르게 가방을 훔쳐간 거였지. 문제는 엄마 여권이 그 가방에 있다는 것이었고, 엄마는 결국 비행기를 타지 못했단다. 여권을 새로 발급하고 항공권을 조정하느라 우리는 파리에 4일을 더 머물러야 했어. 그렇지만 여권은 다시 만들면 되고 돈은 다시 벌면 되기에, 목숨보다 소중한 우리 가족 모두가 무사해서 아빠는 너무 안심되고 다행이라는 생각이 드는구나.

세상의 일은 변화무상하고 예측할 수 없는 새옹지마와 같기에 오늘의 좋지 않은 일은 해프닝으로 잊어버리기로 하고, 다시 최

▲ 테러당한 자동차 수리

선의 선택으로 상황을 정리하고자 한다. 대사관에 들러서 힘들
게(?) 여권 발급을 신청하고, 추가 비용을 지불하기는 했지만 가
족 모두의 항공권의 날짜도 변경했지. 그러나 두바이 등 다른 숙
소는 취소가 안 되어 고스란히 손해를 떠안게 되어서 조금 아쉽
구나. 이제는 숙소만 정하면 일단 정리가 될 수 있는 분위기야.

8월 성수기의 토요일, 파리에서 갑자기 방 구하기는 하늘에
별 따기처럼 어려웠지. 한인민박도 방이 하나도 없고 호텔 관련
앱으로 검색해도 비싼 최고급 방만 한두 개 있을 뿐이었어. 그

러나 '하늘이 무너져도 솟아날 구멍이 있다.'는 말처럼 어제 몽쥬 역에서 알게 된 한국인 가게 사장님과 연락이 되어 방법을 찾다가 결국 그분 집에서 신세를 지기로 했어. 우리의 딱한 사정을 듣고는 흔쾌히 그분 집에서 그냥 머물게 해 주신 거야. 마음씨 좋고 화통하신 사장님과 프랑스인답지 않게 정적인 남편분과의 예상치 못한 좋은 만남 덕분에 오히려 마음이 힐링되는 소중한 경험을 하게 되었어. 그리고 오늘 우리가 받은 호의와 배려를 언제 어디서나 다른 사람에게 베풀어야겠다는 다짐도 굳게 하는 기회가 됐지.

아들아, 세상 모든 일이 그런 것 같아. 항상 좋지 않은 일만 있는 것이 아니고, 오르막이 있으면 내리막도 있게 마련이다. 어려운 상황에 닥치면 그 상황에서 정신차리고 집중해서 최선의 선택을 하고, 지나간 좋지 않은 일은 잊어버리고 앞으로의 할 일만 생각하면 된단다. 그러다 보면 오늘 우리가 경험한 전화위복처럼 오히려 좋은 사람도 만나는 등 또 다른 인생의 기쁨도 맛볼 수가 있을 거야. 꼭 기억했으면 좋겠구나! 어떤 상황에도 당황하지 않고 정신차리면 최악은 피하고, 호랑이 굴에 들어가도 정신만 차리면 살 수 있다는 것을!

 어떤 상황에도 당황하지 않고 정신차리면 최악은 피한다.

무서워요! 파리가 싫어졌어요.

08

룩셈부르크 Luxembourg __

쉼표를 찍다

여행 전에도 함께 불렀던 크라잉넛의 '룩, 룩, 룩셈부르크♬ 아, 아, 아르헨티나♪' 기억나니? 그 룩셈부르크에서 오늘 하루 산책을 했는데 힘들었지만 좋았지? 더웠던 아시아에서의 유명 관광지 투어와는 다르게, 오늘의 여행 주제는 그냥 산책이다. 산책은 가끔 아무 할 일 없이 편하게 걷거나 앉아서 자연을 숨쉬고 사람들도 보면서 우리들 자신도 천천히 되돌아보고 주변 사람들과의 관계에 대한 의미도 되새겨 볼 수 있는 시간이란다.

혹시 너희들이 생활하다가 힘든 일이 있거나 일이 잘 풀리지 않을 때는 주변 공원, 산, 도시 골목 등 어디든 편하게 걷는 시간을 갖는 것을 추천해. 그 산책을 통해 생각을 정리하거나 마음의 평온을 찾을 수 있을 거야. 그리고 혹시 별 소득이 없더라도 햇빛을 받으며 걷고 바람을 느끼고 사람을 보는 것만으로도 충분히 가치 있는 시간임을, 아빠는 믿어 의심치 않아. 결국 산책하는 동안 흐르는 시간이 많은 것을 해결해 줄 수 있을 거란다.

우리는 가이드도 없이 지도 한 장으로 룩셈부르크 시내 곳곳을 누비고 다녔지. 5월 말인데도 날씨가 생각보다 쌀쌀했지만, 따뜻한 햇볕의 도움으로 마음이 평화로워지고 힐링이 되는 시간을 보낼 수 있었단다. 세계에서 가장 잘 사는 나라답게 대중교통도 잘되어 있고 중세시대 건축물이 가득한 골목마다 아주 깨끗하게 잘 단장이 되어 있어서 기분이 좋았어. 햇볕이 잘 드는 카페에서 핫초코 등 따뜻한 음료를 마시며 여유 있는 유럽인 따라 하기도 해 보고 말이야. 세상에는 평일인데도 여유로운 사람들이 많은 듯해. 근데 가격이 상상보다 높아서 너희에게는 미안하지만 다음부터는 고급 카페는 가지 않는 것으로 마음속으로 다짐해 버렸단다.

▼ 유치원생들의 즐거운 나들이   ▼▼ 즐거워하며 시가지 투어

이렇게 예쁜 건축물과 도시는 엄마가 많이 좋아해서 너희에게 도움의 말도 많이 해 주었을 텐데, 함께하지 못해 많이 아쉬웠단다. 그랜드 두갈 궁전(대공궁전), 기욤2세 광장, 어디에나 있는 노틀담 성당, 미카엘 성당 등을 편하게 노는 듯 유쾌하게 둘러보고 유네스코에 등재된 복포대라는 멋있고 특이한 자연요새를 통해 구시가지의 아랫마을로 내려갔지. 여기는 특이하게 신시가지와 구시가지의 고도차가 꽤 있어서 한참을 내려가야 구시가지로 갈 수 있었어. 사실 복포대부터가 강, 나무, 풀들이 있는 진정한 산책이었지.

조금 가파르게 내려가니 이제까지 도시와는 전혀 다르게 조그만 강이 여유롭게 흐르고 제법 큰 나무들이 우거진 숲이 나왔어. 강에 도착하기까지 작은 언덕들이 있는데, 그곳에도 다양한 예쁜 꽃과 작물을 키우는 작은 정원들이 잘 관리되어 있었지. 그 길을 걷는 내내 꽃 향기와 초록 나무들로 코와 눈이 호사를 누렸던 기억도 나는구나. 너희들은 옛날 요새의 지하도에서 옛날 군사로 빙의하여 역할 놀이를 하는데 어디서나 넘치는 창의력에, 아빠는 감탄이 절로 나온단다. 강을 끼고 멋지게 만들어진 산책로를 따라 노래도 부르고 지치면 물을 쳐다보며 한참을 멍 때리기도 하고 벤치에 앉아서 그냥 공기만을 느끼기도 했어. 좋은 환경에서의 이런 호사가 새삼 큰 행복으로 다가오더구나.

또 갑자기 점프 사진을 찍자고 해서 수십 번의 점프를 하기도 하며 추억의 장면도 연출했어. 그렇게 놀면서 꽤 오랫동안 옛날

▲ 룩셈부르크 구시가지

도시와 정원을 걸었지. 생각보다 코스가 길었지만, 덕분에 좋은 길을 아주 많이 걸어서 우리들 몸도 건강해지는 듯하고 기분도 좋아져서 앞으로의 유럽 일정을 잘 보낼 수 있을 것만 같은 뿌듯한 생각이 드는구나.

오늘처럼 기분 좋은 산책도 좋지만, 혹시라도 마음과 상황이 어려울 때는 집 밖으로 나가 햇볕을 받으며 산책하기를 권한다. 자연 속에서 생각하고 살아 있음을 느끼고 작은 것이라도 감사하는 마음이 생기면서 기분 전환이 될 거야. 아들아, 항상 산책한다는 기분으로 그렇게 좋은 시간을 보내 보자!

 여행이든 생활에서든 가끔 산책으로 쉼표를 찍어라!

저희는 맨날 쉼표인데 더 쉴 필요가 있을까요?

09
벨기에 Belgium _____

설거지 담당

아들아! 우리가 살아가는 학교와 사회는 바쁘게 돌아간단다. 어떤 날은 아무것도 하지 않았는데도 하루가 금방 가기도 하고, 주말도 눈 깜짝할 사이에 지나가곤 하지. 그러면서도 하루 중 또는 일주일 중 잘 살펴보면 아무것도 하지 않고 남는 시간이 생기기 마련이란다. 이런 자투리 시간을 잘 활용한다면 행복감을 높이고 마음을 살찌울 수 있는 아주 귀한 시간으로 탈바꿈 시킬 수 있지. 작지만 소중한 이런 시간은 어떤 것보다 소중하고 힘이 강하니 꼭 잘 활용하기 바란다.

그중 가장 일반적이고 쉬운 것은 책을 읽는 것이란다. 좋아하는 책은 항상 가까이에 두거나 가방에 잘 챙기고 다니면 소중한 자투리 시간을 값지게 보낼 수 있지. 혼자가 아닌 여러 명이 그런 상황에 놓인다면 카드게임이나 007 빵이나 369게임도 아주 즐겁게 보낼 수 있는 도구 중 하나란다. 하지만 항상 자투리 시간을 잘 보낼 필요는 없어. 힘들거나 그냥 편하게 쉬고 싶을 때는 눈을 감고 편하게 잠을 자거나 멍하게 보내는 것도 너희들 정신건강에 좋을 거야. 특히 지금 우리처럼 장기로 여행을 하는 경우에는 이러한 자투리 시간의 현명한 활용이 매일매일을 더 즐겁게 보내게 하는 활력소로 작용하곤 해. 그래서 너희들에게 기본 카드게임과 보드게임은 모두 배우게 했고, 이곳 겐트에서 이를 활용해 즐거운 시간을 보낼 수 있었지.

오늘은 원래 안트베르펜(Antewerpen)으로 가서 캠핑하려 했었는데, 브뤼셀과 브르헤로 이동하기 편한 곳을 찾다 보니 급작스럽게 벨기에 Gent로 오게 되었단다. 겐트(헨트)는 중세와 현대가 복합적으로 되어 있는 아주 작고 아름다운 도시야. 도시 전체를 사방팔방으로 연결되어 있는 운하가 있는 낯설면서도 한 번쯤 살아 보고픈 마음에 드는 도시란다. 작은 배라도 빌려서 도시 전체를 운하를 타고 돌지 못한 것이 못내 아쉬움으로 남는구나.

캠핑장을 수소문하니 이 도시에 다행스럽게 딱 하나가 있었어. 캠핑장의 규모는 아주 컸고, 걸어서 갈 수 있는 가까이에 각종 스포츠나 산책을 하기에도 손색이 없는 넓은 공원이 있어 여유롭게 지내기에 아주 좋은 곳이었지. 예약을 하지 않았지만 다행히 공간이 있어 텐트를 치기 시작하는데, 아뿔싸! 조금씩 비가 오기 시작한다. 점심과 현지의 과일을 맛있게 먹고 나니 비가 세차게 내리기 시작했어. 그래서 오후 일정은 모두 취소하고 텐트 안에서 보내기로 했지.

"얘들아, 비도 많이 오는데 우리 이제 뭐하고 놀까?"

"비 맞고 호수 한 바퀴 돌까요? 아빠 비 맞는 것 좋아하시잖아요!"

"마트 다녀오면서 이미 비는 맞을 만큼 맞았잖아!"

"끝말잇기 해요! 아니면 스무고개!"

"아! 아빠! 그럼 포카라 윈드폴에서 배운 Knock Knock 게임 해요!"

"맞다. 그 게임 완전 재미있었는데!"

"좋아! 대신 100점으로 설거지 내기하는 거다!"

무엇을 할까 고민하다가 찬형이가 하고 싶어 한 네팔 윈드폴 게스트하우스에서 배운 Knock Knock 카드게임을 시작한 우리.

▼ 텐트 속에서 Knock-Knock 게임 중 ▼▼ 패자는 조용히 설거지….

아무도 그 게임의 이름을 몰라, 끝낼 수 있는 상황이 되면 게임 테이블을 두 번 치기에 우리 스스로 '낙낙게임'이라고 이름을 지었지. 원 카드와 훌라 등 여러 가지를 혼합해 놓은 것인데, 머리를 써야 하는 흥미진진한 게임이야. 처음에는 승빈이가 조금 약한 듯하더니 시간이 갈수록 승률이 제일 높아졌어. 하지만 승부는 냉정한 법, 결국 아빠와 찬형이가 역전하여 승빈이가 설거지를 하게 되었지.

어떤 사람은 이러한 게임이나 잡기를 멀리하라고 말하기도 한단다. 하지만 매일 매 순간을 즐겁게 살기 위해서는 다양한 놀이나 게임 등을 잘 알고 있다면 더 행복한 삶을 살 수 있다고 아빠는 자신해. 대신 자투리 시간에 대한 게임과 일상생활과의 균형을 잘 맞춰야 하는 것은 말하지 않아도 이제는 잘 알겠지? 자투리 시간을 잘 활용할 수 있도록 지속적으로 훈련해서 시간 관리까지 잘하게 된다면 너희들은 다른 사람들보다 더 많은 것을 하면서도 여유 있는 삶을 살 수 있을 거야!

자투리 시간에 할 수 있는 것들을 개발해라!
더 바쁘면서도 재미있게 보낼 수 있단다.

맞아요. 지루하지 않게
즐겁게 보낼 수 있는 놀이를 배우니 좋아요.

브뤼헤의 336계단

오늘은 도시 전체가 세계 문화유산이라고 하는 벨기에 브뤼헤 (Brugge)와 서쪽 끝 북해를 바라다보는 브랜큰베르(Blankendberge)란 도시를 다녀왔어. 젠트에서 출발할 때는 비가 추적추적 내렸지만 브뤼헤에 도착하니 날이 화창하니 좋더구나. 아름다운 중세 건물들이 빼곡하고 시내를 종횡으로 수로(운하)가 뻗어 있으며 많은 다리로 연결된 아름다운 도시야. 아빠 생각으로는 이탈리아 베네치아보다도 더 아름답고 멋있고 기품이 있는 것 같은데, 너희 생각은 어떠니? 아빠보다는 엄마가 정말 좋아했을 중세 건축물, 성당, 종탑 그리고 다양한 소품 및 액세서리 매장이 많은 도시인데 함께 못해 많이 아쉽구나. 너희들이 나중에 기회가 되면 꼭 엄마를 모시고 한 번쯤 왔으면 좋겠어.

우리는 브뤼헤의 명물인 초코렛, 감자튀김, 그리고 와플 등을 맛보고 유명한 종탑으로 향했지. 여기 브뤼헤에는 미켈란젤로의 조각과 다양한 종교화들이 있는 교회와 성당, 독특한 건축양식을 자랑하는 시청사, 마켓광장 주변 건축물 등이 유명한데, 그중에서도 종탑이 가장 상징성이 큰 곳이라는 것이 아빠의 생각이야. 입장료도 비싸고 올라가는 데도 걸어서 좁은 366계단을 올라가야 하지만, 아름다운 브뤼헤를 마음껏 조망할 수 있고 시계의 기계장치와 49개의 종으로 이루어진 편종을 보기 위해 올라가기로 결심했지. 종탑에 오르기 위해 입구에 들어서니, 어

▲ 유럽에서 가장 아름다운 브뤼헤 종탑

디선가 아름다운 클래식 음악이 들려왔어. 주변 어딘가에서 클래식 연주회가 있나 했지.

"아빠! 클래식 음악회가 있나 봐요!"

"그러게, 선율이 아주 좋은데!"

"어? 아빠? 음악회가 아니고 길거리 아르바이트 하는 사람인데요?"

"정말 그러네!"

"우와! 신기한 엄청 큰 악기도 있어요!"

"응, 더블베이스라는 악기인데 여기는 유럽이니 콘트라베이스라고 할 거야."

"아~ 여기서 조금만 쉬면서 음악 들어요."

그래서 우리는 좁은 입구에 자리 잡고 연주회 감상을 했지. 그들은 많은 도시의 거리에서 연주하고 생계를 이어 가는 거리의 흔한 악사들이란다. 조금 다른 점은 한 명이 아니고 젊은 대학생으로 보이는 세 명이 각각 바이올린, 더블베이스, 아코디언으로 함께 연주하는 것이었어. 이것을 보니 아빠는 네팔에서의 부부 마술단이 떠올랐단다. 그분들은 숙박하는 동네의 공터나 광장에서 작은 마술 쇼를 보여 주고 비용을 충당하여 여러 나라를 여행하고 있었지. 그 부부와 여기 길거리 악사들처럼 너희들도 언제 어디서나 공연이나 쇼를 할 수 있는 잡기 하나쯤은 배워 두었으면 좋겠어. 여기 악사들처럼 악기 한두 개를 배워 보는 것도 괜찮을 것 같고, 카드나 동전으로 하는 마술 게임, 태권도를

▲ 큰 감동을 주는 종탑 입구의 악사들

이용한 간단한 묘기, 판토마임, 종으로 하는 연주, 그리고 움직이는 캐릭터(동상이나 유명인) 등을 잘 활용하면 살면서 또는 여행하면서 남에게 즐거움도 주고 용돈도 충당할 수 있는 1석2조의 특기가 아닐까 싶어. 그런데 아빠가 악기에는 소질이 없는데 너희들은 과연 잘할 수 있을까? 무엇을 하든 아빠가 열심히 응원해 줄 테니 새로운 분야를 찾아서 열심히 한번 해 보길 바라!

우리는 작은 팁으로 만족스러운 공연을 보고 종탑에 올랐어. 가파른 계단을 따라 많은 종들을 스쳐 지나고 나서야 정상 종탑 망루에 도착할 수 있었지. 그리고 나타난 멋진 브뤼헤 시내 전경! 주황색 지붕과 파란 하늘과 운하들이 함께 어우러져 만들어 내는 조화는 우리 모두의 탄성을 이끌어 냈지! 이런 곳에서 살고 싶다는 생각을 하면서 우리는 또 다른 도시인 브랜큰베르로 북해를 보러 발길을 돌린다.

 언제 어디서든 공연할 수 있는 잡기 하나쯤은 배워라.

마술 하나 정도는 일단 잘하고 싶어요.

10 네덜란드 Netherlands

안네 프랑크의 은신처

너희는 지금 아빠와 소중한 경험을 함께하고 있지. 매일 다른 환경에서 다른 것을 보고 다른 사람을 만나며 느끼고 즐거워하기도 하고 감동받기도 하고 마음 아파하기도 하지. 이렇게 매일 특별한 경험을 하면서 그 경험을 머리와 가슴속에 기억하는 것도 좋지만, 일기를 쓰면 훨씬 기억에 오래 남고 너희의 그날 그날 감정을 표현하는 과정에서 더 많은 생각을 하며 매일 성장할 수 있단다.

이미 너희들에게는 학교에서 학기 중에 해야 할 의무나 방학 숙제로 일기를 썼던 경험이 있어. 아빠가 봤을 때는 조금 형식적이고 아직 어떻게 쓰는 것이 잘 쓰는지를 모르는 것 같아서 하루에 있었던 특별한 일이나 작고 사소하더라도 다른 느낌이 있었다면 그런 것을 쓴다고 여러 번 알려 주었는데 기억나니? 그럼에도 불구하고 아직 일기에 대한 중요성이나 어떻게 써야 하는지를 모르는 것처럼 보여 아쉽구나. 그래서 오늘은 우리가 안네 프랑크(Anne Frank)가 숨어 지내면서 일기를 썼던 네덜란드 암

스테르담 안네 프랑크 박물관에 와 있는 만큼 일기의 중요성에 대해 얘기하고 싶다.

일기란 매일매일의 일과 경험을 개인적인 느낌이나 시간상의 흐름에 따라 돌아보고 반성하고 그 내용을 기록하는 것이란다. 사람마다 조금 다를 수는 있지만, 아빠 생각에 일기를 쓸 때는 날짜와 날씨는 반드시 쓰고, 뜻깊거나 특별한 일만 자세히, 정직하게, 특별한 형식 없이 편한 대로 하면 되지 않을까 싶어. 그리고 가끔은 일기장 속에 상상의 나래를 펼쳐도 좋을 것 같아. 어른이 돼서 하고 싶은 것이나 만화 속의 주인공이 되어 말도 안 되는 상상을 마음껏 적어 보고 실제인 것처럼 한번 기록해 보는 것도 괜찮을 것 같아. 그럼 아마도 막연히 머릿속으로 생각했던 것들이 현실에서 이루어져 너희들이 진짜로 주인공이 되어 멋진 삶을 살 수 있을 거라 확신한다.

매일 꾸준하게 일기 쓰는 습관을 갖게 되면 생활이 규칙적으로 안정화되고, 생각을 깊게 하게 되고, 너희들 스스로의 삶을 되돌아보게 되고, 매일 반성을 하니 인생을 조금 더 보람 있게 살 수 있단다. 오늘 너희들이 살고 있는 지금 이 소중한 순간을 꼭 기록해서 매일매일 너희들의 사고를 살 찌우고 성장했으면 좋겠구나.

너희들이 쓴 일기는 나이가 들수록 세월이 갈수록 너희들에게 주옥 같은 보물로 빛을 발할 거야. 물론 가끔은 창피하기도

▲ 안네 프랑크 하우스 박물관 입장 대기

하고 쑥스럽기도 해서 일기장을 태우고 싶은 생각이 들기도 하단다. 아빠도 가끔 중·고등학교 시절이나 군대 시절에 썼던 일기장을 보면, 그냥 웃음만 나오고 '저렇게 철이 없고 어렸었나?'라는 자괴감이 든 것도 사실이야. 하지만 다른 한편으로는 10대 초·중반에만 경험할 수 있는 소중한 것들을 직접 만나는 기쁨이 훨씬 크기에 더 소중해진단다. 아직 엄마에게도 공개하지 않은 아빠의 일기를 언젠가는 너희들에게도 공개하는 시간이 있을 거야. 그때는 절대 웃지 않기로, 사나이 대 사나이로 약속하자!

학교나 책에서만 듣고 보았던 『안네의 일기』의 현장에 이렇게 직접 와 보니 감개무량하면서도 숙연해지는구나. 오늘 직접 듣고 보았듯이 『안네의 일기』는 2차 세계대전에 유대인인 안네 가족이 나치의 유대인 말살 정책으로 몰래 숨어 지내며 안네가 2년여 년 동안 힘든 생활 속에서 써 내려간 것이란다. 그녀가 열다섯의 나이로 세상을 떠날 때까지 언제 들이닥칠지 모르는 나치의 눈을 피해 조그만 다락방에 숨어 사는 그 불안한 생활 중에도 희망과 사랑을 잃지 않고 꿋꿋하게 살아가는 모습을 느낄 수 있는 책이기도 하지. 아직 너희가 안네의 삶 속에 있었던 고통과 좌절을 이해하기는 어려울지라도 간접적으로나마 그 힘든 시간을 경험해 보고 생각해 보는 것 만으로도 큰 공부가 되었을 것이라고 생각한다. 그리고 폴란드 아우슈비츠 수용소를 다녀오면 안네의 상황을 더 잘 이해할 수 있는 시간이 될 거야.

일기는 이처럼 힘들 때에 힘이 되는 좋은 수단이기도 하지만, 매일 똑같이 느껴지는 일상 속에서도 마주하면 하루가 더 의미 있어지고 내일이 기대되고 더 나아가서는 미래의 너희 모습을 직접 그릴 수 있는 시간이 될 수도 있단다. 매일 만나는 일기장은 평생 너희들의 보물 1호가 되어 너희일 삶을 밝혀 줄 등대와 같은 존재인 만큼 단 한 줄이라도 매일 일기 쓰는 습관을 들이도록 하자!

 일기를 쓰면 매일 성장할 거란다.

안네의 일기와 은신처를 보니 자유가 얼마나 소중한지 알 것 같아요. 자주 일기를 쓰도록 노력해 볼게요.

7/14 (화) 맑간

오늘은 2000년 전 화산 폭발로 3을 을 감춰버린 폼페이를 간다. 오늘은 운동화를 신고 간다. 드디어 출발!~ 여기는 몇 천년 동안 화산재에 묻혀 있어서 세상에서 가장 보존이 잘 된 도시로 유명하다. 유적들을 정치, 경제, 종교 생활의 흔적들을 흐르며 보행하는 많이 입이 가능했다. 폼페이를 그때 당시 가장 중요하고 모래로 건물이다. 내가 제일 인상 깊었던 점은 건물 기둥의 양식을 도리아 양식, 이오니아 양식, 코린트 양식, 복합 양식 (메이아→코린트)을 되어어 나한테는 흥미롭고 재미있다. 공중목욕도 볼 수있다 여기는 물의 순환 즉 물의 운전 증발을 이용해 목욕탕을 이용했다. 머 단 댔다. 그리고 인구도 20,000명이나 그때로 따지면 정말 대단한 도시다. 화산 폭발만 일어나지 않았다면..... 이제 진짜로 베수비오 화산에 간다! 그런데 가격만 비싸고 별로 볼 건 없다. 그래도 굼데기가 꽤 길었다. 원왕이 분출 없을 때 3.2km 까지 올라 간다고 했다. 그래도 난 떠기보다 한라산이나 백두산이 더 좋다. ㅋㅋ 저녁은 삼겹살

10월 13일 화요일

오늘은 저녁에 말라단쇼를 보러 간다. 먼저 시계 상점에 갔다. 가 애플 스토어를 갔다. 사람이 아주 많았다. 거기엔 애플 워치, 아이 패드 아이폰까지 다 있다. 나도 애플 워치 갖고 싶다. 이제 록펠러 빌딩(센터)을 간다. 그래 갔다. 스케점 없다. 뉴욕의 유일한 대규모 상업용 건물이다. 쇼를 보러 간다. 아주 화려하고 멋지다. 난 거기서 저녁가 제일 좋다. 내용은 비슷하다. 언제나 완성이다. 극장은 보통 극장이 아니고 거의 오페라 공연장 수준이어서 조그마의 화려로 멈춰 크다. N진도 적고 와서 갔다. 극장이 춥다고 긴 판 건 바지 입고? 가라 그랬는데 하나도 안 춥다. 영화, 오락 등은 타일스케어가 아주 밖닥해 와는 것 같다

1%0월 10일 토요일

오늘은 NEW JERSY 라는 주로 향했다. 그런데 가는 길에 장애가 있는 사람들을 위해 하루만 재미있게 놀 수있는 행사를 하고 있었다. 우리 가족은 다 게 하려 장애가 없는데 그 행사에 참여 했다. 그런데 거기서 이렇게 생긴게 뭐 암벽등반도 하고 또 소방차를 타고 호스로 가짜 작은 집에 있는 불을 모형을 넘어 뜨는 으로 쏴서 리기를 했다. 그리고 공 위기도 탔자. 안밖의 반응은 무섭기도 하고 된지고가 어려웠다. 그리고 소방차는 타 봤긴 했는데 1분도 못 타 봤던 것 같다. 그런데 거기서 소방복도까지도 받았다. 그리고 거기서 호스로 물을 쏴서 모형들을 넘어뜨렸다. 그리고 경용이는 재미는 별로 없었는데 주 차장까지 나가 갔다. 나쁜진 않았다. 그리고 주 차장에 메뚜기 같은 게 많아서 메뚜기 같은 걸 잡고 놀다가 차를 타고 INN 에 와서 조금 잤 주 다가 마트에 벨트를 사러 갔다. 하지만 넘고 벨트는 못 샀다. 그리고 다시 INN 벨트파 는데가 없어서에 와서 저녁을 먹고 조금 쉬다가 잤다.

10월 16일 금요일

오늘은 차를 타고 4시간 정도 서 CHEA SAPK BAY 에도착했다. 가 대서양을 타 나는 배들이 다리로 지나갈 수 있도록 다리를 좋 관 관을 바다 속으로 달리게 해 놈은 거기서 냄새 하는 사람 들도 봤는데 작은 물고기들이 간 거 같은 것 만 보오 큰 고기 같은 건 못 봤다. 다리로 간 용간에 도로를 바다 속으로 달리게 하려고 밑으로는 유리창이 아니라 그 낵일 반터 넣이 다서 실감이 안 났다. 그리고 왜 바다 속으로 달리는 도로를 를 유리창으로 안 해 놨 냐고 아빠께 물 보니까 유리창으로 하면 물이 압 때문에 여 뭐 에 우리 장이 버티지 못 한 다고 아빠 께서 말씀하 셨다. 그리고 차를 타고 지금 내가 있을 는 호텔에 와서 조 게임을 하 다가 저녁을 먹고 조금 쉬다가 잤다.

고흐에게 사랑을 느끼다

아들아, 엄마 아빠가 집에서나 여행하면서 항상 했던 말이 있는데 기억하니? 너희 둘은 싸워서 이겨야 할 상대가 아니고 서로 아끼고 사랑해야 할 사이라고…. 아빠 생각에 너희는 아주 운이 좋은 형제라는 생각이 든다. 아직은 운이 좋다는 말을 잘 모를 거야. 물론 지금처럼 자주 싸우기도 하겠지만, 그래도 싫어하든 좋아하든 항상 곁에 있을 사람이 형이고 동생인 가족이라는 사실을 명심했으면 해. 나이가 들수록 친구 이상으로 좋은 관계를 유지할 것으로 믿는다. 이렇게 여행하면서도 너희 둘이 같은 언어로 대화도 가능하고 장시간 이동할 때나 잠깐 쉴 때나 언제든지 함께 즐겁게 놀 수 있으니, 이 장기여행의 기회를 통해 돈독한 형제애가 생기길 바란다.

아빠가 네덜란드 암스테르담의 고흐 미술관에 왔는데 왜 형제애를 얘기할까? 고흐가 어렵게 살았지만 그나마 그림 그리며 삶을 유지할 수 있었던 것은 그의 동생인 테오 덕분이란다. 끝없이 믿어 주고 지원해 줄 수 있는 사람은 생각보다 그리 많지 않단다. 아주 친한 친구를 제외하고는 대부분 가족만이 그런 역할을 할 수 있지.

사실 아빠가 처음에 고흐를 알았을 때는 삶이 고달팠던 힘든 예술인이라는 생각과 함께 측은지심이 들었어. 하지만 그의 곁

▲ 박물관에서 즐겁게 체험 학습하는 현지 어린 학생들
▼ 도널드 덕보다 너희가 훨씬 귀엽다는….

에 평생토록 이해해 주며 믿어 준 동생 테오가 있다는 것을 알고 또 그들이 주고 받은 편지를 보고 나니, 고흐가 마냥 불쌍하지만은 않다는 생각이 들었단다. 빈센트 반 고흐는 네덜란드 후기 인상주의 화가로서 20세기 미술에 많은 영향을 미치고 현대인들이 가장 좋아하는 미술가 중의 한 사람이야. 그리고 오늘 우리는 세계에서 가장 많은 고흐의 작품을 볼 수 있는 미술관에서 고흐와 그의 그림에 대해서도 배우고 들으면서 행복한 시간을 보냈지. 다음 달에 파리와 아를에 가서 고흐가 머물렀던 곳에서 그림의 배경을 볼 때면 훨씬 실감나고 그의 삶 속에 한 발짝 더 가까이 갈 수 있을 거야.

▲ 고흐의 자화상 앞에서

고흐는 어려서 곤충을 좋아했고 다양한 분야의 책을 좋아하는 독서광이었고 화랑의 화상, 전도사의 시절을 지낸 후 20대 후반의 늦은 나이에 화가의 인생을 시작했단다. 고흐는 늦게 그림을 시작했지만 가난과 고독 속에서도 끊임없는 연습으로 그림에 대한 희망과 열정 그리고 가장 원초적인 상태에 도달하려는 노력으로 진정한 화가가 되었지. 힘든 상황에서도 고흐가 화가의 길을 계속 걸을 수 있었던 것은 동생 테오가 정신적·물질적으로 고흐가 원하는 화가의 삶을 살도록 평생토록 옆에서 묵묵히 이해해 주며 믿어 주었기 때문이란다.

오늘 고흐 미술관에서 귀한 4시간을 보내면서 기존에 알던 지식과 어제 저녁 공부한 것 그리고 오늘 오디오 가이드를 통해 부족한 지식으로 너희에게 설명해 주느라 혼이 빠질 만큼 피곤하지만, 고흐란 한 인간의 인생과 그의 그림 세계에 대해서 훨씬 깊게 알게 되는 유익한 시간이었어. 또한 가족 특히 동생 테오와의 관계도 알게 되니, 고흐가 불쌍한 유명한 화가가 아닌 한 인간으로서 아빠 가슴 깊숙이 각인되는 기회가 됐단다. 너희도 그럴까? 그래도 고흐를 통해서 〈빈센트〉(Vincent / Don Mclean) 노래와 〈킬리만자로의 표범〉(조용필)이란 노래를 서로 공유하고 공감할 수 있어 행복한 시간이었단다.

찬형아, 승빈아! 아빠는 너희가 고흐와 테오 관계 이상으로 서로에게 의지가 되고 힘이 되는 관계로 성장하기를 바란다. 지금 이렇게 함께하는 소중한 시간을 통해 너희 둘 사이의 애정이 더욱 돈독해졌으면 좋겠구나.

다음은 고흐가 동생 테오에게 보낸 편지 중 한 구절이야. 아무 것도 하지 않는 것보다는 실패가 차라리 낫다는 말인데, 너희도 적극적으로 후회하지 않는 삶을 살았으면 좋겠어.

"테오야, 나는 미래를 예언할 수는 없으나
모든 것은 변하게 마련이라는 영원한 법칙은 알고 있어.
10년 전을 생각하면, 모든 게 너무 달랐지.
환경, 사람들의 분위기, 요컨대 모든 것이 말이야.
따라서 앞으로 10년 사이에도 다시금 많은 변화가 올 거야.
그러나 우리가 한 일은 남을 거고
그렇게 한 사람들은 쉽게 후회하지도 않을 거야.
적극적인 사람이 더 훌륭한 사람이지.
나는 게으르게 앉아서 아무것도 하지 않는 것보다
차라리 실패하는 쪽이 좋아."

- 『세상에서 가장 아름다운 편지』 중

 고흐와 테오 같은 형제애를 가져라.

가족 이야기도 함께 들으니 그림이 더 재미있어요!

11

체코 Czech _____

프라하의 보리피리

오늘은 비가 오는 관계로 구시가지로 놀러 가지 않고 그냥 캠핑장에서 쉬기로 했어. 우리가 있는 곳은 체코 프라하의 외곽에 있는 트리오 캠핑장. 마음씨 좋은 주인 할아버지와 할머니가 많은 것을 도와주셔서 편하게 지낼 수 있었지. 프라하 변두리이기는 하지만 캠핑장 바로 앞에는 고급 주택단지가 있고 뒤로는 수십만 평, 아니 수백만 평쯤 되는 이름도 모를 주황 꽃과 노란 유채꽃이 흐드러지게 피어 있는 꽃밭이 펼쳐져 있지.

오후 늦게 비가 그치자, 우린 주변 산책을 나갔어. 캠핑장 안

▼ 끝도 알 수 없이 흐드러지게 핀 유채꽃 밭

에서 본 꽃밭의 크기가 장난이 아니더구나. 한참을 걸어갔는데도 끝을 볼 수가 없을 지경이었어. 관광객들이 가끔 자전거 하이킹을 할 뿐 거의 사람도 없어서 큰 소리로 노래도 부르고 함께 이리저리 뛰어다니면서 눈 오는 날 즐거워하는 강아지처럼 마냥 놀 수 있었지. 한참을 가니 바람에 보리 이삭 부딪히는 소리가 귓가에 들리면서 아주 넓고 초록으로 물든 보리밭이 양쪽 길가에 펼쳐졌어. 이렇게 큰 보리밭은 또 처음이었단다. 문득 옛날 생각이 나서 보리피리를 만들어 너희들에게 들려주었지. 한국 보리보다 두께가 얇아서 굵은 소리는 나지 않고 대신 가늘면서 깨끗한 소리가 나더구나.

"우와~ 아빠, 뭐예요?"

"무엇으로 하시는 거예요?"

"완전 신기하네!"

"보리피리란다."

"보리피리요? 보리가 피리도 가능한 거예요?"

"그럼! 다양한 나뭇잎이나 작은 식물대롱은 피리처럼 소리를 낼 수 있지!"

"아빠는 어릴 적에 자연 속에서 놀 거리를 찾아서 놀았단다. 지금 피리 부는 것처럼!"

"우와! 저희도 만들어 주세요! 아니 만드는 법 알려 주세요!"

"보리피리를 만드는 법은 일단 연한 보리 줄기를 뽑아서 부드러운 끝쪽의 5㎝를 잘라 낸 후, 한쪽 끝을 입으로 살짝 깨물어서

▲ 새로운 놀이인 보리피리 삼매경

납작하게 공기 떨림판을 만들어 주면 돼. 어때! 쉽지?"

　설명을 해 주고 각자 만들어 보는데, 처음에는 부는쪽의 공기 떨림판을 잘 만들지 못해서 여러 번 실패하더니 한번 성공하는 순간 '유레카!'라고 소리를 지르는 통에 깜짝 놀랐었지. 보리피리는 바람의 세기를 잘 조절해야 소리가 제대로 나는데 너희는 무조건 세게 불어 처음에는 얼굴만 빨개지다가 한참을 지나서야 바람 세기를 조절할 수 있었단다. 아빠도 여러 차례 적응 후에

〈학교종〉과 〈개나리〉를 들려줄 수 있었단다. 거의 한 시간 넘게 보리밭 이곳저곳을 다니면서 꽃대를 뽑아 보리피리를 만들고 부느라 입술이 얼얼하고 머리가 어지러웠지만, 너희의 새로운 기쁨은 하늘을 찌를듯 높았던 것 같아.

보리피리를 불고 있자니 어린 시절에 대한 향수와 고향에 대한 그리움이 생기는구나. 머나먼 이국땅 체코 프라하에서의 보리피리의 추억은 너희들에게도 좋은 추억이 되지 않을까 싶어. 아이패드나 스마트폰으로 하는 놀이나 게임도 좋지만, 이렇게 자연 속에서 즐거운 놀이를 찾아 색다른 기쁨을 만끽하는 기회를 자주 갖길 바란다.

 자연 속에서 놀이를 찾아라!

 너무 재미있고 행복한 시간을 보낼 수 있게 해 주셔서 감사해요.

12

독일 Germany _____

세계 최고 국립박물관

아들아, 꿈이라고 생각했던 것을 실제로 만날 수 있는 공간이 있단다. 바로 박물관이지. 세상에는 정말 다양한 박물관들이 상상 이상으로 많단다. 모든 분야의 자료를 수장하는 종합 박물관, 향토 박물관, 미술 박물관, 역사 박물관, 과학 박물관, 항공우주 박물관, 인디언 박물관, 화폐 박물관, 자연사 박물관, 전쟁 박물관, 옹기 박물관, 만화 박물관, 자동차 박물관, 오토바이 박물관, 자기 박물관, 장난감 박물관, 우표 박물관, 인쇄 박물관, 하수도 박물관, 토끼 박물관, 변기 박물관, 졸작 박물관, 철조망 박물관 등 한 번도 생각하지 못했던 특이한 박물관들이 각 나라별 지역별로 있으니 어디를 가든 가능하면 박물관은 찾아가길 바란다.

평상시 너희들이 책이나 인터넷을 통해 배운 것들을 박물관에서 보고 듣고 느끼고 체험하면서 산지식으로 만들 수 있는 좋은 기회란다. 또한 찬형이가 항공우주 박물관을 다녀온 후 비행기 조종사가 되기로 마음먹은 것처럼 박물관 경험을 통해서 너희들

▲ 시작은 밝은 모습으로 선박기술관부터

이 미래에 하고 싶은 것을 만날 수도 있지. 그러한 다양한 박물관은 기회를 만들어서라도 언제든 가는 것을 강력 추천해. 분명 새로운 지식을 얻고 세상을 보는 눈이 커질 거야.

아빠가 어렸을 적에는 박물관이라는 개념이 아주 협소해서 고고학적 또는 역사적 기록이나 유물들을 전시해 놓은 곳으로만 인식했었단다. 실제로 박물관이라는 이름이 붙여진 것도 많지가 않았으니까. 아빠가 만약 너희들처럼 어린 시절에 다양한 박물관들을 경험했다면, 지금쯤 또 다른 직업으로 살아가고 있었

▲ 뮌헨 국립 박물관 – 항공 우주관   ▼ 유리 관련 이론 설명과 쇼

을지도 몰라. 그래서 이번 여행에 가능하면 나라별 도시별로 만
날 수 있는 박물관은 찾아가고 있는 거란다. 부디 좋은 기회로
잘 활용하길….

　그래서 오늘은 독일 뮌헨에 있는 국립박물관과 자동차 브랜드
인 BMW 박물관을 방문했어. 캠핑장에서 박물관까지 버스와
전철을 타고서도 한참을 걸어야 했지만, 날이 화창하고 공기도
좋아서 콧노래를 부르기도 하고 박물관 가까이에 있는 이자르
강에서는 현지 사람들과 한참을 놀았지. 이곳 뮌헨 독일 국립
박물관은 세계에서 가장 큰 과학기술 박물관 중의 하나로, 이자
르 강에 있는 박물관 섬에 위치해 있지. 이 박물관에는 항공우
주, 천문학, 유리, 자동차, 항해술, 통신, 철도, 정보과학, 광

학, 악기, 유람선, 섬유, 인쇄, 컴퓨터 관련 IT 등 30여 개 분야로 나뉘어 전시 및 설치되어 있단다. 세계 최초의 발명품이 많이 전시되어 있고, 다른 박물관과는 달리 이곳에서는 전시되어 있는 것들이 거의 실제로 작동을 하고 만져 볼 수도 있어 매우 신기했어. 더 나아가 우리들이 직접 기계 작동과 기초 과학 실험을 할 수도 있고, 우리가 직접 하기 힘든 것은 각 분야별로 시간을 정해 전문가들이 쇼처럼 과학을 보여 주고 있었지. 분야도 많고 각 분야별로도 체험할 것과 볼 것이 많다 보니 우리들 모두 지치고 힘들어했지만, 왜 독일이 2차 대전에서 패망하고도 이렇게 여전히 세계적인 강대국으로 다시 잘 사는 나라인지 충분히 이해할 수 있는 시간이었단다. 탄탄한 과학기술의 역사를 보니 부럽기도 하고, 우리나라도 빨리 다방면에서 기술 강국으로 발전하기를 희망해 보았어.

너희는 독일 학생들이 많이 부럽다고 얘기했었지? 공부하거나 놀다가 필요하면 언제든지 박물관에 가서 궁금한 분야의 원리를 이해하고 실험 및 체험까지 할 수 있는 환경을 말이야. 너희들이 고등학생이나 대학생이 되어 이곳에 꼭 다시 온다면 더 많은 것을 배울 수 있는 시간이 될 거라고 확신해. 그때는 이곳 박물관에서만 3일 정도를 보내는 것도 좋을 것 같아.

그리고는 BMW 박물관에서 다양한 자동차와 오토바이를 보고 직접 시승도 해 보고 시뮬레이터로 운전도 하고 엔진 등 원리도 이해하는 좋은 시간을 보냈단다. 너희 둘 모두 나중에 어른이 되면 엄마하고 아빠에게 BMW 자동차와 오토바이를 사 준다고 한 것 기억하지? 기대해 볼게!

 박물관은 기회가 된다면 항상 가라!
살아 있는 경험과 지식을 배울 수 있다.

배울 것은 많은데, 박물관이 너무 넓어서
관람하는 것이 힘들어요.

온몸으로 만난 태양

이곳은 뮌헨의 Obermenzing의 캠핑장. 캠핑 생활을 한 지도 벌써 3주가 넘어가니, 이제 텐트 설치하는 것과 해체하는 것을 너희들도 제법 잘하는구나. 어제 저녁과 새벽에 비가 많이 와서 오전 일정은 취소하고, 텐트 안에서 아빠는 앞으로의 일정과 비용 정리하고 너희들은 다음 여행지인 오스트리아 관련하여 공부하는 시간을 가졌어.

식사 후 설거지 등 정리를 하고 나니 햇볕이 아주 좋아졌지. 다음 도시로의 이동을 조금 늦추고 우리는 밤새 비에 젖은 텐트와 캠핑 관련 장비를 햇빛에 말려 살균 및 소독하기로 하고, 제일 먼저 타프(tarp)를 깔아서 말리고 그 위에 침낭과 이불 등도 잘

▲ 캠핑장에서 일광욕

말렸어. 습했던 것들이 아주 잘 마르니 우리의 기분도 좋아지고 햇빛도 따뜻하고 공기도 좋으니 지금 이 순간이 제일 행복하게 느껴지는구나.

　잠시 사무실에 체크아웃 관련 일을 보고 오니, 너희 둘은 말리고 있는 이불 위에 아주 편하게 누워서 일광욕을 하고 있더군. 그렇지! 아주 잘하고 있어! 우리는 운 좋게도 자연스럽게 각 도시를 투어 하면서 매일 햇볕을 쬐고 있는데, 너희는 앞으로도 항상 기회가 되는 대로 매일 햇볕을 쬐었으면 좋겠어. 햇빛을 받으며 밖에 돌아다니기만 해도 건강한 삶을 살 수 있을 거야. 텐트도 햇볕에 말리면 모든 것이 좋아지듯이 우리 사람도 매일 햇빛을 쬐면 많은 것이 좋아지고 건강해지는 효과가 있단다. 아빠도 너희들과 동참해서 모처럼 편하게 아무 일도 하지 않고 그냥 태양에 몸을 맡기고 뮌헨의 공기를 느낄 수 있었어.

태양에 대해서 잠깐 더 얘기해 줄까? 햇볕은 지구상 모든 생명의 근원 같은 존재로 우리들 몸의 건강에도 큰 영향을 미친단다. 미국 시애틀이나 영국 런던에 비가 자주 오니까 우울증 환자가 많은 것과 몸이 아픈 환자가 봄 햇볕을 쬐고 건강을 되찾는다고 하는 것도 같은 이치란다. 우리가 일광욕을 하면 여러 가지 면역 기능 강화, 빠른 상처 치유, 혈액 공급의 원활과 같은 긍정적인 효과를 얻을 수 있고, 특히 식품으로는 섭취가 불가능한 비타민 D가 생성되어 뼈를 튼튼하게 할 수도 있지. 그러니 너희 나이에는 매일 밖에 나가 햇빛 아래서 노는 것이 자연스럽게 건강해지는 길이란다. 태양을 피하지 말고 적극적으로 이용하고 사랑하면서 매일 햇볕을 쬐라! 그러면 너희들 인생에도 항상 따뜻하고 밝은 햇볕만이 가득할 거야.

 매일 햇볕을 쬐라. 몸과 마음이 건강해진다.

태양과 햇볕이 우리에게 그렇게 소중한지 몰랐어요.

13

오스트리아 Austria _____

사운드 오브 뮤직

 어제 저녁 비가 많이 와서 행여나 텐트 안으로 비가 들어오지 않을까 걱정했는데 다행히 텐트는 아주 말짱하구나. 역시 유럽 캠핑장은 시설이 많이 좋은 듯해. 우리는 지금 '북쪽의 로마'라 불리고 모차르트의 출생지이고 〈사운드 오브 뮤직(Sounds of Music)〉의 도시이면서 '소금산'이라는 의미가 있는 오스트리아 잘츠부르크(Salzburg)에 있어. 중세시대의 역사적인 건축물과 아름다운 도시 및 자연의 아름다움을 간직하고 있는 아름다운 도시이고, 역사지구는 세계문화유산이란다.

 오늘 미라벨 궁전과 정원을 둘러보기 위해 미리 어제 저녁 텐트 안에서 도레미 송으로 유명한 영화 〈사운드 오브 뮤직〉을 봤었지. 도레미 송은 그나마 다양한 버전으로 알고 있어서 이해하는 데 도움이 많이 된 듯해.

 얘들아, 오늘은 영화 이야기를 해 볼까? 영화는 그 시대의 대중문화를 대표할 만큼 중요하고 사회 전반에 미치는 힘이 크단다. 영화 속 내용이 사회상을 반영하지 않더라도 그 영화 자체를 누군가와 함께 보고 얘기한다는 것이 이미 그 시절 추억을 함께 공유하는 것이지. 지금도 그런 경향이 있지만, 아빠가 어렸을 때는 영화산업이 우리나라보다 훨씬 발달한 미국 할리우드 영화가 주로 많아서 극장의 영화를 통해서 영어도 자연스럽게 받아들이고 되었고, 문화 · 산업 · 정치 등도 보이지 않게 영향을 받았을 거라고 생각해.

하지만 정서적으로는 한국 영화가 훨씬 잘 맞고 감동도 더 컸었단다. 특히 〈철수와 미미의 청춘 스케치〉(1987)라는 영화는 거의 30년이 지났음에도 그때 그날 감동과 추억은 현재처럼 고스란히 마음속에 생생하게 남아 있단다. 너희들이 좋아할 만한 아빠 시절 영화로는 〈백 투 더 퓨처(Back To The Future)〉(1985)가 있는데, 지금 함께 보아도 서로 좋아할 수 있는 영화인 만큼 언젠가 꼭 함께 보고 새로운 추억을 공유하도록 하자.

책을 통해 많은 경험을 할 수 있다고 했듯이, 영화 속에서도 또 다른 많은 경험을 할 수 있고 즐거움은 물론이거니와 상상력과 논리도 키울 수 있단다. 조금 과장하면 영화만 잘 골라 보아도 성공적인 학교생활과 사회생활을 할 수 있다고 생각해. 영화 한 편의 전체적인 이야기와 주제에서도 배울 수 있지만, 각 영화 속의 인물들이 하는 대사에서도 많은 지혜를 배울 수 있단다. 영화를 통해 우리는 마하트마 간디, 넬슨 만델라, 모차르트, 셰익스피어, 갈릴레이, 에디슨 등 많은 위인과 만날 수 있기 때문이지. 지혜뿐 아니라 순수하게 즐거움만을 위해서라도

▲ 잘츠부르크 시내

▲ 모차르트 생가

꼭 영화 보기를 추천해. 또 혹시 아니? 영화 속의 대사 하나로
너희들 직업과 미래가 결정될 수도 있을지?

　이제 아기자기하면서 멋스러운 잘츠부르크를 둘러보자. 가파
른 암석 위에 로마 양식의 요새 건축물인 호헨 잘츠부르크 성에
서 오스트리아의 중세 및 근대의 왕실과 군대 그리고 꼭두각시
관련 박물관을 보고 아름다운 시내도 조망했어. 예쁜 노란색 건
물의 모차르트의 생가에도 가서 어떤 모습으로 어떻게 살았는지
도 둘러보았지.

　생가 바로 앞에 있는 예쁘고 아름다운 간판들이 줄지어 있는
거리를 지나, 우리는 미라벨 궁전 및 정원으로 향했어. 한여름

에 왔으면 더 좋았을 것 같다는 생각을 하며 조금은 쌀쌀함 속에서 들어가자, 잘 정돈된 정원의 나무와 꽃들이 싱그러움을 내뿜으며 우리를 반겼지. 정원은 분수, 연못, 다양한 대리석 조각들, 나무터널 그리고 많은 꽃들로 아름답게 잘 장식되어 있었단다. 특히 꽃밭과 꽃나무들이 있어서 햇빛 좋은 날에 간단하게 음식을 준비해서 하루 종일 편하게 망중한을 즐기기에 제격인 공간이라는 생각이 들었어.

영화 〈사운드 오브 뮤직(Sounds of Music)〉에서 여주인공 마리아가 7명의 아이들과 도레미 송을 불렀던 계단도 보러 갔지. 영화 촬영한 계단은 생각보다 크지 않고 기대보다는 감흥이 작아서 아쉬웠어. 하지만 우리가 본 영화 속의 장소이다 보니 다른 여행지보다는 왠지 더 익숙해 보이고, 한 계단 한 계단 오를 때마다 영화 속의 주인공처럼 속으로는 노래를 두 발로는 점프를 하고 있었지. 오늘은 이곳에서 많이 열리는 유명한 콘서트 및 연주회의 스케줄이 없어 관람을 못한 데 대해 아쉬움이 크게 남는구나. 다음 기회에는 잘츠부르크에서만 일주일 정도를 보내고 싶어. 그때는 콘서트나 연주회도 보고 정원에서 여유롭게 식사도 하는 시간을 가져 보자!

  시대별로 중요한 영화는 꼭 챙겨 보아라.
많은 것을 공유할 수 있단다.

 〈버틀러〉는 중요한 영화 아니죠?
지루하기도 하고 이해하기 조금 어려워요.

갑자기 터진 울음

도대체 얼마나 멋있는지 우리 눈으로 확인하러 간 할슈타트 (Hallstatt)! 할슈타트는 호수와 작은 마을, 그리고 세계 최초 소금 광산이 있는 마을 전체가 세계 문화 유산인 관광 도시란다. 날씨가 조금 흐렸음에도 불구하고 호수와 함께 눈을 사로잡는 아름다운 풍경은 들떠 있던 너희들마저 차분하게 만들고 '와~' 하는 감탄사를 절로 나게 했지! 꽃으로 창을 단장한 세모 지붕 집들은 주로 산 쪽으로 예쁘게 늘어서 있고, 호수 쪽으로는 예쁜 야외 테이블을 갖춘 레스토랑들이 세계에서 모여드는 관광객을 유혹하고 있었어. 우리는 비싼 가격과 긴 대기 시간으로 인해 호수를 보며 여유로운 식사를 하는 것을 포기하고 대신 간단하게 피자로 대신했지.

식사 후 걸어서 마을 이곳저곳을 돌아다니면서 보니, 유럽의 많은 도시처럼 비록 작은 마을이지만 메인 광장과 분수도 있고 아기자기한 다양한 기념품 및 천연소금을 파는 가게도 있었어. 특히나 벽을 색칠하고 독특하게 이정표나 가게 이름을 작은 장식으로 예쁘게 잘 꾸며 놓아 마을 전체가 그림처럼 멋있어 보였지. 특히 호수 작은 마을이 더욱 앙증맞고 예뻐 보이더구나.

그런데 아뿔싸! 마을 전체가 보이는 전망 좋은 곳으로 이동해서 사진을 찍다가 너희들끼리 싸우는 일이 발생하고 말았지. 기분 좋게 형제 사진을 찍어 주려는데 갑자기 승빈이가 울기 시작

▲ 누구는 웃고 누구는 울고….

했단다. 형이 너무 기분이 좋은 나머지 동생 목을 강하게 끌어
안으면서 문제가 발생한 듯해.

"으앙~ 아빠~~!"

"형이 귀하고 오른쪽 뺨을 때렸어요!"

"아니야, 그냥 사진 찍으려고 어깨동무한 거야!"

"거짓말하지 마! 형이 분명히 때렸잖아!"

승빈이가 울며 형을 공격하려 했지.

"승빈이 많이 아팠구나! 형이 때린 것이 아니고 기분 좋아서
너무 힘있게 어깨동무를 하다가 귀를 너무 세게 안았나 보구나!
이해해 줄 수 있니?"

"아니요, 형이 사과하고 다시는 그런 장난은 하지 않는다고
약속하게 해 주세요!"

"알았어. (난감해하며) 잘못했어! 미안해!"

내가 기분이 좋다고 해서 그로 인해 다른 사람에게 피해를 주
면 안 된단다. 언제 어디서나 항상 타인에 대한 배려하는 마음

을 가져야 하고, 너무 흥분하면 실수를 하니 조심해야 해. 아빠도 어려서 그런 실수를 했던 경험이 있어서 반복하지 않으려고 노력하고 있단다.

오늘은 실수로 타인을 아프게 했지만, 인간은 본성적으로 유명하거나 주변의 잘나가는 친구들이 좌절하거나 고통을 받으면 기뻐한다고 하는구나. 그렇지만 혹시라도 너희가 미워하거나 싫어하는 사람이 고통을 받거나 어려운 상황에 처해 있더라도 기분 좋아하거나 고소해해서는 안 돼. 반대의 상황이 똑같이 발생할 경우, 너도 그 기분 나쁜 일을 똑같이 당할 수도 있기 때문이지. 상황적으로 도움을 줄 수 없다면 그냥 그대로를 보기만 하고 마음속으로 기도해 주기를 바란다.

착한 마음씨를 쓰면 살아가면서 너희들도 모르는 사이에 복이 다시 돌아온단다. 그리고 오늘처럼 누군가를 의도치 않게 아프게 했을 때는 바로 사과를 해야 해. 마음을 담아 진정으로 '미안해'라고 바로 사과를 한다면 짧은 시간 안에 상황이 좋아지지만, 사과하지 않고 변명이나 핑계를 대거나 가볍게 생각하여 장난스럽게 행동한다면 생각하지도 못한 엉뚱한 방향으로 흘러 갈등이 생기고 힘들어질 수 있기 때문이지. 아빠도 그런 실수를 한 적이 있는데, 의도한 것이 아니라는 것 때문에 간단하게 넘어가려다가 관계가 힘들어진 적도 있었단다.

서로 껴안고 사과하고 조금 지나니 언제 그랬냐는 듯이 또 즐겁게 장난을 치는 너희 둘. 그래서 우리는 기분 좋은 마음으로

▲ 잘츠부르크 소금광산 전망대　▼ 소금광산보다는 감옥이 더 어울리는 길

발걸음을 세계 최초의 소금 광산으로 옮겼지. 광산 내부가 춥기도 하고 또 코스에 미끄럼틀이 있어서인지 옷을 갈아입었는데, 꼭 죄수 같아 보이더구나. 특히 찬형이는 북한 지도자처럼 보여서 한참을 서로 보며 웃었지! 광산은 기대 이상으로 크고 프로그램이 잘 짜여 있었어. 무려 3천 5백 년 전에 인류 최초로 만든 계단도 있고, 2억 5천만 년 전에 생성된 소금 광산으로 지리와 역사 등 코너별로 아주 흥미롭게 잘 만들어져 있었지.

특히나 더 깊은 지하 갱도로 내려갈 때는 기존 광산 노동자들이 했던 것처럼 슬라이드를 탔는데, 기대 이상으로 스릴 만점이었단다. 찬형이는 몸이 큰 만큼 내려가는 속도도 높게(25km/h) 나와 거의 상위 3위에 랭크 되기도 했어. 갱도의 큰 공간에 3D로 설명해 주는 곳에 천연소금으로 된 조명이 있어 우리 삼부자는 3개 조명에 동시에 혀를 대었다가 똑같이 소리지르며 침을 뱉기도 했지. 정말 죽도록 짠맛이었단다. 심도 있는 역사 및 지질 공부를 마치고 기차를 타고 밖으로 나오니 작은 천연소금을 기념 선물로 하나씩 나눠 주고 있었어. 캠핑하면서 음식을 해먹는 우리 삼부자에게는 정말 유용한 소금이라 잘 챙겼지. 그 덕분에 며칠 간은 좋은 소금으로 슬로베니아 블레드에서 만찬을 즐길 수 있었고 말이야.

 나의 기쁨을 위해 남에게 고통을 주지 마라!

 진짜 몰랐어요! 다른 사람 배려에 신경 써야겠네요.

아들이 사라졌다

오늘은 아빠에게는 평생 잊지 못할 날이 되었단다. 물론 아빠만의 생각이라 조금 서운하기는 하구나. 3개월이 넘는 동안 아프지도 않고 큰 사고 없이 여행을 잘하고 있었는데, 오늘 너희들을 쇤브룬(Schönbrunn Palace) 궁전에서 잃어버렸다. 정확히는 너희들이 말을 듣지 않고 다른 곳으로 사라져 버린 바람에 아빠는 너희들을 찾을 수가 없었던 거였지만 말이야.

세계적으로 유명한 관광지인 음악의 도시이자 예술의 도시인 오스트리아 빈에서 우리는 지내고 있어. 외관이 멋있는 빈 궁전, 클림트의 명화를 볼 수 있었던 벨베데레 궁전, 모차르트의 결혼식과 장례식을 했던 비엔나의 상징인 슈테판 대성당 그리고 명품 가게들과 건물들이 아주 예쁜 케른트너 거리와 그라벤 거리 등 아름다운 비엔나를 즐겼지. 특히 벨베데레에서 보았던 다비드의 〈알프스를 넘는 나폴레옹〉은 아빠의 어린 시절 완전정복 참고서의 표지 모델이라 더욱 시선을 사로잡아 한참을 머물며 추억 여행을 했단다. 그리고 우리는 그 문제의 쇤브룬 궁전으로 향했어. 평일인데도 세계 각지에서 모인 사람들로 인해 북적거렸고, 티켓 구매하는 줄이 길어 시간이 꽤나 걸릴 것 같았지. 평일이라는 생각과 시간이 정확하지 않아 예약을 하지 않은 것이 문제의 시작이었던 듯싶어.

"얘들아, 아무래도 입장권 사는 데 시간이 많이 걸리니 너희들은 여기 입구에서 놀고 있을래?"

"얼마나요?"

"'아마도 한 시간 더 걸릴 수도 있을 것 같다.'"

"알겠어요. 입구에서 둘이 놀고 있을게요!"

"사람은 많고 공간이 넓으니 꼭 거기에서 놀고 있어라!"

그렇게 너희들에게 신신당부하고 아빠는 줄을 서서 너희들에게 좋은 가이드가 되기 위해 오스트리아 역사 및 쇤브룬 궁전에 대해 열심히 공부를 하느라 너희를 잊고 있었지. 그리고 한 시간 정도 후에 티켓을 구매하고 너희들을 찾는데, 사라지고 없었단다. 처음에는 별 걱정 없이 그냥 궁전 입구와 티켓오피스 주변을 둘러보았지. 그런데 없는 거야. 그때부터 아빠는 긴장이 되기 시작했단다. 그러면서도 '어디선가 웃으면서 나타나겠지.'라는 믿음으로 바쁘게 찾으러 다녔어. 지하 화장실도 여러 번 가 보고, 심지어 여자 화장실 쪽도 확인해 보았지. 그런데 그곳에도 없자, 이제 걱정이 커지고 아빠 온몸이 땀으로 흠뻑 젖어 갔단다.

급한 마음에 궁전 문지기에게 사진을 보여 주며 물어보았어.

"아저씨, 한국인 어린이 두 명 못 봤어요? 한 애는 조금 뚱뚱하고요 한 애는 작아요!"

"잘 모르겠는데, 애들끼리 밖으로 나가는 것은 못 봤습니다!"

"예, 감사합니다."

그럼 궁 안에 있다는 의미였지. 그래서 지나가는 관광객 및 가이드들에게도 수소문해 보았지만 애들을 본 적이 없다는 거야.

이것 참 낭패로다…. 이제 화나는 것은 아예 사라지고 걱정만 한 가득 커지면서 심장박동수가 빨라지며 겁까지 나기 시작했지.

"어쩌지? 이 녀석들이 어디 갔지? 그냥 어디선가 잘 놀고 있겠지?"

그렇게 마음을 다잡는데도 자꾸만 멘붕 상태로 치닫는 걸 어쩔 수가 없더구나. 그때부터는 별탈 없이 잘 살아 있기만을 바라기 시작했단다. 예전에 한국 코엑스 전시회에서 찬형이 널 잃어버렸을 때 머릿속이 하얘지면서 백지상태가 되었었는데, 이번에도 그와 비슷한 정신적 충격이 오기 시작한 거야.

주변 여러 사람에게 애들이 발견되면 잠깐 데리고 있어 달라고 부탁하고 나서 이제는 더 넓은 범위로 찾기 위해 많은 사람들이 있는 넓은 광장으로 뛰기 시작했어. 궁전 광장이 왜 그렇게 넓은지 원망스러웠어. 한참을 뛰다가 드디어 너희들과 비슷한 두 명이 웃으면서 놀고 있는 것을 궁전 오른쪽 구석에서 발견했지. 나쁜 녀석들! 궁전이 넓기는 하지만 제한된 공간에서 두 시간 만에 너희를 찾으니, 그때의 감동이란 말로 표현할 수가 없었단다. 거기다 안전하게 잘 놀고 있어서 다행스럽고 많이 고마웠어. 아빠는 거의 울 뻔했는데, 정작 너희들은 거의 두 시간이 넘어가는데도 너희들이 만든 복실이 놀이(개와 인간의 상황극)를 하느라 아빠의 존재와 너희가 왜 여기에 있는지를 까맣게 잊어버리고 있었단다. 오히려

"아빠, 왜 그러세요? 무슨 일 있었어요?"

▲ 쇤브룬의 아름다운 정원과 글로리에타 개선문

"표는 예매하셨어요?"

하면서 아빠를 당황스럽게 했지. 그래도 이렇게 안전하게 살아 있으니 기뻤다. 언어도 통하지 않은 외국에서 좋지 않은 일이라도 생겼다면, 아마 평생을 두고 많이 힘들었을 거야. 결국 무탈하게 이렇게 다시 여행을 하게 되었지만, 앞으로는 꼭 약속을 지켜서 힘든 경험을 하지 않았으면 좋겠구나. 그리고 꼭 기억해라. 혹시라도 어떤 어려운 상황이 되더라도 모든 수단과 방법을 동원해서 꼭 살아 있어야 한다. 먼저 살아남아야 다음 일도 기약할 수 있는 거란다. 그리고 길을 잃어버렸을 때는 다른 장소로 이동하지 말고 그 자리에 그대로 있어라. 그러면 아빠가 찾으러 갈 테니까 말이야.

▲ 애들을 잃어버린 쇤브룬 궁전 입구

　이런 힘든 경험으로 인해 너희들은 아빠와 어떤 일이 있어서 2m를 벗어나지 않겠다는 약속을 굳게 하고, 다시 일정대로 쇤브룬(Schönbrunn Palace) 궁전 투어를 시작했어. 이 궁전은 프랑스 파리의 베르사유 궁전과 쌍벽을 이루는 화려하고 웅장한 역사 유적이지. 특히 거울의 방은 마리아 테레지아를 위해 볼프강 아마데우스 모차르트가 6살 때 연주한 것으로도 유명하단다. 크기는 베르사유가 더 웅장하지만, 아빠 생각으로는 전체적으로 쇤브룬이 더 마음에 드는구나. 하지만 너희를 잃어버린 경험으로 조금은 가슴 아픈 궁전으로 영원히 기억될 것 같아.

　번성했던 왕조의 궁전이었던 만큼 1,400개가 넘는 방이 있고, 마차박물관, 극장, 식물원, 정원 등을 잘 갖추고 있었지. 특히 너희들이 보았던 작은 동물원은 현존하는 세계에서 가장 오래된 동물원이란다. 궁전 외부 정원의 언덕 끝에 있는 글로리에타 개선문에서 바라보는 비엔나 시가지와 교외의 아름다운 전망은 우리들 가슴을 시원하게 해 주기에 충분했어.

쇤브룬 궁 외부는 예쁜 노란색으로 칠해져 있고, 내부는 바로크와 로코코 양식을 기본으로 황금 장식과 호화로운 인테리어로 되어 있어 옛날 합스부르크 왕조가 얼마나 강성했는지를 짐작할 수 있었지. 내부 관람을 시작하면서 역사에 대해서 자세하게 들은 것도 좋았지만, 그 시절 왕족들의 삶을 볼 수 있어서 더 신기했단다. 방마다 다양한 회화, 가구, 도자기, 각종 생활용품 등 모든 것들이 이제까지 아빠가 본 것 중 단연 가장 화려하고 최고였어.

대 접견실, 로사의 방, 사방이 푸른 벽지와 인쇄물로 이루어진 파란 방, 나폴레옹이 머물렀던 방, 도자기의 방, 화려한 붉은 방 등 많은 방들을 구경하면서 아빠는 문득 '여기에서 살았던 황제와 그 가족들은 행복했을까?'라는 제법 엉뚱한 생각을 해 보았어. 가진 것은 부족하지만 이렇게 삼부자가 함께 세계를 여행하는 지금 이 순간이 아빠는 너무 행복하단다. 특히 건강하게 잘 살아 있으니 더 좋구나. 너희들도 그렇게 생각하지?

항상 예약을 미리 해라! 시간도 벌고 오늘 같은 불상사도 줄일 수 있단다. 그리고 어떤 일이 있어도 꼭 살아 있어라!

저희는 그냥 즐겁게 잘 보내고 있었는데…. 죄송해요.

14
슬로베니아 Slovenia ____

캠핑장의 천국

오스트리아 할슈타트의 아름다운 호수와 기억에 남는 소금광산을 뒤로하고 우리는 슬로베니아의 알프스 산맥에 있는 꿈의 마을, 블레드로 향했지. 그곳으로 향하는 가장 큰 이유는 SAVA 호텔 & 리조트에서 운영하는 별 다섯 개짜리 캠핑장이 있기 때문이란다. 예약은 안 되고 도착 당시 자리가 있으면 가능하다고 해서 일찍부터 조금 서둘렀지. 마을에 들어서니 공기도 좋고 집들도 아기자기하니 예쁘고, 멀리 보이는 알프스의 설산과 어우러져 동화책 속의 그림처럼 보였어.

▼ 여유로운 블레드 호수 산책

▲ 이른 아침의 블레드 호수와 블레드 섬   ▼ 블레드 호수와 성과 성당

    도착하니 다행히 사이트가 남아 있고 프로모션도 있어서 세 명이 1박에 27유로로 예상보다 좋은 가격에 텐트를 칠 수 있었어. 첫 번째로 캠핑을 시작했던 룩셈부르크에서 이미 느낀 것이지만, 유럽에서 우리처럼 달랑 텐트 하나 가지고 있는 사람은 거의 없었지. 이곳은 알프스의 만년설이 녹아 형성된 아름다운 블레드 호수 등 자연경관이 아름다워서 유럽 전역에서 캠핑족들이 많이 온다. 물론 우리 같은 초라한 텐트 캠핑은 없고 대

부분 캠핑카, 일반 자동차 그리고 큰 차량용 텐트까지 포함해서 집처럼 만들어서 생활하는 캠핑이지. 이 넓은 캠핑장을 정원삼아 완벽한 테이블 세팅에 와인을 마시며 여유롭게 식사를 즐기는 부부를 보니 그렇게 부러울 수가 없었어. 나중에 꼭 우리도 저렇게 놀러 다녀야겠다는 다짐을 해 본다.

이제까지 다른 나라들의 캠핑장도 대부분 깨끗하고 시설들도 좋았지만, 이곳은 급이 달랐어. 캠핑장 내의 글램핑 하우스, 통나무집, 고급 레스토랑과 카페 그리고 슬로베니아의 최대 유통 체인인 메르카토르(Mercator) 마켓과 같은 시설도 잘 갖추어져 있었지. 특히 바로 앞의 호수와 작은 조약돌 비치 그리고 호수 주변을 산책하거나 자전거 하이킹 등을 할 수 있는 주변 환경이 그 어떤 나라의 캠핑장보다 뛰어나고 아름다웠어. 호수 가운데는 성모마리아 성당이 있는 작고 아름다운 블레드 섬이 있고 호수 주변에는 고급 호텔, 레스토랑, 카지노, 그리고 다양한 제품을 판매하는 상점들이 즐비했지. 자동차로 10분 거리에는 잘 관리된 80년 넘은 오래된 골프장에서 라운딩도 가능하고 인근의 트리글라브 국립공원에서는 트레킹까지 할 수 있다니, 아빠는 이곳에서 평생 살고 싶다는 생각까지 했단다.

너희들도 너무 편안해하고 좋아하니, 일정을 조정해서 일단은 4박을 이곳에서 지내기로 했어. 한곳에서의 캠핑으로 이렇게 오래 머물기는 이곳 블레드가 처음이네. 우리는 이곳에서 특별하게 스케줄을 짜서 하는 투어나 구경을 하지 않고 그냥 몸 가는 대로 시간 되는 대로 이렇게 놀아도 되나 싶을 정도로 유유자적하게 지냈지. 캠핑장이 넓어서 심심하지 않고 이곳저곳 둘러볼 곳도 많고 가까이에는 산책로도 있어서 많이 걸으면서 놀이도 하고 대화도 많이 나눌 수 있었어. 유럽의 나이 드신 부부나 가족들의 삶을 보고 우리의 미래 생활도 상상해 보는 좋은 시간이 된 듯해.

오전은 텐트 안에서 영화를 보고 점심때쯤 호수가로 나왔지. 오늘은 호수 안에 있는 한 폭의 그림 같은 섬의 성당을 둘러보고 호수 주변 산책로를 크게 한 바퀴 돌아볼 작정이야. 입심 좋은 뱃사공 아저씨의 나룻배를 타고 손에 잡힐 듯 가까이에 있는 섬으로 향했어. 이 섬에는 예전 신전이 있던 자리에 15세기에 지어진 오래된 성모승천 성당이 있어서인지 오래되어 예스러운 풍치나 모습이 그윽한 분위기를 물씬 풍겼지. 오랜 세월 함께했을 꽃과 나무들 그리고 눈이 시리도록 파란 하늘이 조화를 이루어 아름다움을 더하는구나.

이 섬은 현지 젊은 연인들의 필수 데이트 코스이기도 하고, 나중에 이 성당에서 결혼하는 것이 로망이라고 하는구나. 그런데 우리가 갔을 때 운 좋게도 그곳에서 결혼식을 볼 수 있었지. 신랑 신부에게 진심으로 축하도 해 주었고 말이야. 그들을 가만히 지켜보자니, 신랑이 피곤해 보였어. 정말로 나루터에서 성당까지 슬로베니아 전통에 따라 신부를 안고서 99계단을 올라왔을

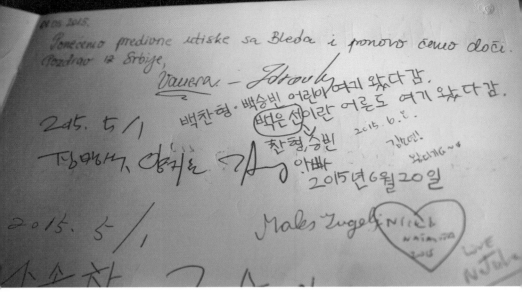

까? 자못 궁금해지는구나. 요즘은 한국이나 외국이나 신랑들이 결혼식 날 하는 다양한 퍼포먼스로 힘든 것 같다. 너희는 결혼만큼은 간단하게 편하게 했으면 좋겠구나.

좋은 시간을 뒤로하고 다시 나룻배를 타고 돌아와 두 시간 정도 산책을 하는데, 과연 이곳이 천국이라는 생각이 드는구나. 특히 날씨도 좋아서 눈에 들어오는 모든 장면과 주변 경치가 가히 그림이었지. 호수 위의 작고 귀여운 섬에 있는 성당과 높고 가파른 바위산의 산봉우리에 지어진 블레드 성, 그리고 멀리 보이는 알프스 설산이 현실이 아닌 꿈이나 동화 속에 와 있는 것만 같은 착각을 하게 해. 호수에서 수영하고, 서핑하고, 낚시하고, 선탠하고, 카누를 즐기는 사람들은 너무 편안하고 여유로워 보여.

햇볕을 마음껏 즐기면서 산책을 하고서는 블레드의 유명한 크림 케이크도 먹고, 조약돌 비치에서 아빠는 팔이 아프도록 많은 조약돌을 호수에 던지며 너희에게 물수제비 뜨는 비법을 전수했던 것, 기억나니? 물수제비에 몰입하다 보니 어느덧 노을이 지는구나. 땅거미 지는 블레드 호수는 또 다른 분위기로 아름다움을 선사했어. 호수 부분 부분에는 안개도 있어서 몽환적인 분위기로 우리를 끌어당기는 느낌도 받았지. 여기서는 모든 사람이 착하고 행복하게 되는 마법에 걸리는 것만 같아.

그런데 이처럼 모든 것이 완벽해 보이는 블레드 캠핑장에도 단 하나의 문제가 있었지. 바로 우리의 식사와 관련된 부탄가스다. 한국에서 주로 사용하는 일자형 부탄가스를 파는 곳이 많지 않아서 가는 나라마다 애를 먹었지. 유럽의 많은 사람들이 캠핑을 즐기지만 오토캠핑 위주라 우리처럼 가스를 쓰지 않고 주로 전기 스토브나 인덕션을 쓰기에 우리가 원하는 가스를 파는 매장이 별로 없었던 거야. 오스트리아에서도 파는 매장이 한 군데도 없고, 이곳 캠핑장에도 물어보니 이런 걸 파는 가게가 없고 다른 도시에 가면 있을 수도 있단다.

물가가 다른 유럽 나라와 비교해서 저렴하기는 하지만 레스토랑을 계속 이용하기는 부담이라 홈디포 비슷한 매장이 다른 도시에 있다는 것을 알고 찾아갔지. 다행히 캠핑용품 주변에 엄청 많은 부탄가스를 발견했어. 어찌나 반갑고 기쁘던지…. "심 봤다!"라고 마음속으로 크게 외치고 가격을 확인하니 5유로. 한국

보다 7배 정도 비싸더구나. 차라리 전기쿠커가 나을 것 같아 찾아보니 공산품이라 비싸고 할인을 해 주지 않아서 어쩔 수 없이 5개만 구매했어. 그나마 저렴했던 체코에서 많이 구매하지 못한 못난 아빠라며 스스로를 자책하며 캠핑장으로 돌아와서는 아빠표 소불고기로 저녁을 맛있게 해 먹었단다.

아들아, 유비무환(有備無患)이라고 들어 봤지? 평소에 준비가 철저하면 나중에 근심이 없다는 의미란다. 이 경치 좋고 시설 좋은 별 다섯 개짜리 캠핑장에서 한식이나 라면이 먹고 싶어도 먹을 수 없다면 행복은 반감될 수 있지. 그래서 항상 최선은 아니더라도 최소한의 준비는 하면서 사는 것이 좋겠구나. 오늘 아빠도 당연히 생각하기를 '큰 캠핑장이니 우리가 사용하는 부탄가스가 있겠지.'라고 믿었던 것이 시간과 비용을 더 낭비하는 소탐대실의 결과를 낳은 것 같아. 다행히도 오늘은 문제가 해결되어 정상적으로 식사를 잘 해결할 수 있었지만, 다음부터는 최소한이라도 준비해서 비용도 절약하고 조바심 없이 하루를 보내보도록 하자!

 유비무환으로 소탐대실하지 않기를 바란다.

아빠 음식도 맛있지만 레스토랑 음식도 좋아요!

15
슬로바키아 Slovakia ___

100일 기념 사치

　오늘은 우리가 세계 여행을 시작한 지 100일째 되는 날이야. 그동안 아프지 않고 잘 동행해 줘서 너희들에게 고맙구나. 지금은 오스트리아 일정을 마치고 슬로바키아 수도인 브라티슬라바에 와 있다. 슬로바키아는 공산주의 국가 중 최고의 생활수준과 높은 문화를 가진 융성한 공업국가였고, 한국과 비슷한 역사를 가지고 있는 나라란다. 유럽 강대국들의 식민지를 거치면서도 여러 나라에서 꾸준히 독립운동을 하여 체코슬로바키아 공화국이 되었고, 민주정부가 들어선 이후 1993년에 현재의 슬로바키아 공화국으로 독립하여 오늘에 이르게 되었지. 힘든 역사가 우리나라와 비슷한 이런 나라에서 우리의 100일을 맞으니 이것 또한 동질감과 함께 의미 있게 다가오는구나.

　우리의 세계 여행 100일 기념으로 삼부자 스스로에게 상을 주고 싶어서 오늘은 텐트가 아닌 호텔에서 숙박하고 식사도 아빠 음식이 아닌 고급 레스토랑에서 하려고 해. 아들아! 살아가면서 힘들 때나 또는 기분 좋을 때는 특별한 기념일을 만들어서 그 하루를 자축하고 만끽하며 의미 있게 보내는 것이 삶에 때론 큰 활력소가 될 수 있단다. 우리 삶은 항상 똑같지 않고 매일매일 달라지고 어떤 날은 힘들 수도 있는데, 그때 나 혼자만을 위하거나 가족, 친구와 함께할 수 있는 특별하거나 재미있는 기념일을 만들어 시간을 보낸다면 분명 즐거운 인생을 살 수 있을 거라 확신해. 그래서 오늘은 좋은 곳에서 자고 맛있는 것도 먹고 목욕도 하면서 고생한 우리들 스스로에게 상을 주려고 해!

"아빠! 오늘은 어디 캠핑장으로 가요?"

"응, 시내 캠핑장으로⋯."

"이렇게 도시 한가운데에 캠핑장이 있어요?"

"음, 있지. 근데⋯ 오늘은 호텔에서 잘 거야!"

"엄마 오시는 거예요?" (엄마와 함께할 때는 주로 호텔에 머물다 보니)

"아니, 오늘은 우리 여행 100일을 맞아서 우리들 스스로에게 상을 주고 마음껏 즐겨 보려고!"

"그럼 텐트도 안 쳐도 되고, 설거지도 안 해도 되는 거예요?"

"당연하지!"

"오! 예~~ 아빠 최고!"

너희들은 좋다고 차 안에서 큰 소리로 소리치며 뛰고 구르며 난리법석이었지. 근데 이 도시는 오늘 행사들이 많은지 방도 별로 없고 가격도 싸지 않고 특히나 대부분 20유로나 되는 주차비가 별도여서 마음에 드는 호텔을 찾기란 꽤 어려웠단다. 다행히 여기저기 수소문해서 작지만 유명한 와인레스토랑이 있는

▲ 100일 묵은 여행 피로야 가라!

▲ 100일 기념 최고급 만찬

Matysak Hotel에 다양한 방법으로 할인을 받아서 무료 주차와 조식 포함으로 100유로에 입실 성공! 꼭대기 층의 가장 좋은 방으로 특히 욕조가 있는 큰 룸이라 너희들은 오랜만에 거품목욕을 하며 장난도 치면서 그간 쌓였던 여행의 피로를 확실히 해소할 수 있었지.

우리는 서유럽 도시들과 비슷하면서도 다른 브라티슬라바의 구시가지 중앙광장, 미카엘 탑문, 도나우 강변, 시청사, 교회, 성당 등 여기저기를 걸어서 구경하고 다시 흘라브네 광장으로 돌아와 일식레스토랑에서 100일 기념 저녁 만찬을 즐겼어. 이제까지 했던 식사 중 가장 많은 비용을 지불했지만, 대형 초밥세트와 일본 라멘 등은 우리의 정신마저 황홀하게 만들었지. 너희들은 그 큰 초밥세트를 하나 더 먹자고 했지만, 나중을 기약하며 아쉬움을 남겨두고 나왔단다. 그리고 브라티슬라바의 명물로 유명한 다양한 동상 찾기 놀이 및 여러 가지 표정으로 사진도 찍으며 땀 나도록 뛰어다녔지.

아들아! 벌써 100이 지나고 있다. 처음 시작할 때는 과연 할 수 있을까 걱정도 많이 했는데 벌써 세 달을 넘게 잘 보내고 있구나. 무엇이든 시작하면 이렇게 잘 진행할 수 있다는 것을 몸으로 체험했을 거라 생각한다. 그리고 프로젝트나 공부를 할 때는 작지만 자축하는 날이나 시간을 만들어 스스로에게 축하와 격려를 하다 보면 즐겁고 또 다른 자신감으로 마무리도 잘할 수 있을 거야. 큰 사고 없이 100일을 잘 보내 줘서 많이 고맙고, 200일째에 또 다른 이벤트를 할 수 있도록 건강하게 즐겁게 잘 보내 보자! 사랑한다! 찬형! 승빈!

 스스로 기념일을 만들어 자축하고 만끽해라!

그럼 매일매일이 행복한 기념일인데 어쩌죠?

16

폴란드 Poland _____

이승보다 저승이 가까운 곳

우리는 힘든 일정 속에서도 꼭 이곳 크라쿠프에 있는 아우슈비츠 수용소를 찾았다. 폴란드 지명을 쓰지 않고 여전히 독일 이름을 사용하고 있는 것은 독일의 만행이기 때문이란다. 참혹한 역사 현장을 나도 보고 싶었지만 너희와 공유하고 싶은 마음이 컸단다. 오늘은 마음이 참으로 아프고 힘들고 슬픈 날이야.

아우슈비츠는 2차 세계대전 중에 독일이 폴란드에 만든 강제수용소이면서 집단 학살한 곳으로 가스, 총살, 고문, 질병, 굶주림, 인체실험 등으로 많게는 200만 명이나 죽었다고 하고 그중 3분의 2가 유대인이었단다. 네덜란드에서 갔던 '안네의 하우스'의 안네 가족도 숨어 지내다 발각되어 화물차에 실린 채 이곳으로 왔지. 수용소를 만든 후에 처음에는 폴란드 정치범들이 수용되었고, 나중에는 히틀러의 명령으로 대량 살해 시설로 확대되었다고 해. 우리가 첫 번째로 보았던 기차역에서 열차로 실려온 사람들 중 쇠약한 사람이나 노인, 어린이들은 곧바로 공동

▲▲ '노동이 너희를 자유롭게 하리라', 학살에 대한 내용 확인 중
▼ 삼중 철책망의 수용소, 수많은 사람이 끌려오고 사라진 기찻길

샤워실로 위장한 가스실로 보내져 살해되었단다. 인간이 인간을 어떻게 그렇게까지 잔인하게 살해하는 행동을 할 수 있는지, 감히 상상조차 힘들구나. 정말 세상에서 가장 잔인한 것이 인간이라는 말이 맞나 봐.

우리는 가이드를 따라 수용소를 둘러보기 시작했지. 막사에는 당시의 사진들과 대량학살에 사용했던 물건과 희생자들의 소지품도 함께 전시되어 있었어. 가스실, 철벽, 군영, 고문실, 화장터, 지하감옥, 집단교수대 등을 둘러보는데, 그곳에서 희생당한 사람들의 고통이 느껴지는 것 같아 가슴이 먹먹해져 나도 모르게 눈앞이 흐려졌단다.

우리 대한민국도 이와 유사한 불행한 역사가 있기에 더욱더 마음이 아프고 눈물이 나는구나. 그나마 독일은 지속적으로 여러 총리들이 나서서 나치의 만행과 유대인 학살에 대해 국제적인 사죄를 하며 잘못된 역사를 깊이 반성하고 부끄러워하고 있고, 동시에 그때 당시 가담했던 나치 친위대원들을 수색하여 90이 넘은 사람도 예외 없이 법의 심판을 받게 하는 등 진정성 있는 사죄와 후속 조치를 하고 있어. 하지만 일본은 35년의 강점기 동안 우리 민족을 말살하기 위한 위안부, 강제징용, 학살, 생체실험 등 셀 수 없이 많은 만행을 저질러 놓고도 사죄는커녕 여전히 나 몰라라 하고 있고, 심지어 강점기에 득세했던 친일파들이 아직도 곳곳에 기득권으로 남아 있으니 슬픈 현실이 아닐 수 없구나. 우리나라 국력이 빨리 더 강해져야 함을 실감하는 날이기도 하구나.

아들아, 너희는 사람을 차별하지 말고 존중해야 한단다. 나이가 많거나 적거나, 성별이 다르다거나, 몸이 불편하다고 해서, 인지능력이 떨어진다고 해서, 외국인이라고 해서, 인종이 다르다고 해서 차별해서는 안 돼. 오히려 더 나아가 인간 차별을 피하고 서로를 존중하는 사회를 만들어 가는 데 일조했으면 좋겠구나.

아직은 너희가 '차별'이라는 단어도 모르고 그런 환경에 놓일 기회가 거의 없지만, 학년이 올라갈수록 상급 학교로 갈수록 차별이라는 것을 배우게 되고 너희가 그 차별의 대상이 될 수도 있단다. 혹시라도 그런 상황에 놓이면 다시 천천히 생각해 보았으

면 좋겠어. 일단 그 사람을 존중하는 마음을 가지고, 그 사람의
입장에 서서 생각해 보면 이해하고 될 것이고 마음도 편해질 거
란다. 그럼에도 불구하고 비슷한 경우가 다시 발생한다면 그냥
그 사람이 차이가 난다고 인정해 주고 내버려 두기를 바라. 살
다 보면 너와 다른 사고로 가진 사람들과 논리적으로 상식적으
로 이해할 수 없는 사람들이 많을 거야. 그런 사람들과 논쟁하
면 똑같이 빠져들 수 있기 때문에 그럴 필요도 없이 그냥 차이를
인정해 주고 묵묵히 너의 길을 가길 바란다.

 사람은 차별하지 말고 존중해라.

안네가 더 불쌍하고 대단해요!

오지도 않을 버스

  아들아, 세상을 살아가면서 가끔은 오지랖도 필요하단다. '오
지랖이 넓다'는 말이 있는데 물론 조금 부정적인 의미가 있기는
하지만, 아빠는 긍정적인 측면에서 너희들에게 얘기하고 싶어.
'오지랖'이란 원래는 옷의 앞자락을 의미하는 말이란다. 옷의 앞
자락이 넓으면 몸이나 다른 옷을 넓게 겹으로 감싸게 되는데,
여기에서 나온 '오지랖이 넓다'는 말은 간섭할 필요도 없는 일에

주제넘게 간섭하는 사람을 비꼬아서 하는 말이 된 거지. 물론 의미 자체는 좋은 뜻이 아닐 수도 있지만, 그것이 지나쳐서 남에게 귀찮게 하는 결과만 가져오지 않는다면 아주 의미 있는 행동이라고 생각해. 오히려 남을 배려하고 감싸는 마음이 넓은 것을 의미할 수도 있단다.

요즘은 오지랖이 넓은 게 문제가 아니라 반대로 타인에게 매몰차거나 무관심한 세태가 되어서 조금 안타깝구나. 사실은 아빠도 예전과 다르게 말도 아끼게 되고 굳이 나서지 않으면서 살게 되긴 하지만, 그래도 너희는 모르는 타인의 아픔과 어려움을 잘 공감하고 가능하다면 행동으로 보여 주면서 살았으면 좋겠구나. 그러면 우리가 오늘 받은 폴란드 아줌마의 오지랖 때문에 행복해한 것처럼 우리도 다른 사람을 위기에서 구해 줄 수도 있고 짧은 순간이나마 마음 뿌듯하게 만들어 줄 수 있지 않을까?

우리는 오늘 폴란드의 옛날 수도로 바르샤바 이전 500여 년간 정치와 문화의 중심지인 크라쿠프에 있다. 폴란드는 사람들도 친절하고 외국인들에게도 호의적이고 물가도 싸서 가장 마음에 드는 유럽 나라 중에 하나가 되었단다. 세그웨이를 타고 중세 고성과 교회 등을 둘러볼까 했는데 예약이 마감되어 걸어서 돌아다니기로 했지.

유럽의 각 도시마다 있는 광장 중 가장 넓다는 시장광장을 시작으로 매시간 직접 나팔을 부는 성 마리아 대성당, 의류와 각종 기념품 가게가 엄청나게 많은 직물회관, 유대인 지구, 폴란

▲ 비 오는 버스 정류장에서　▼ 크라쿠프 구시가의 시장광장

드 왕들이 살았다는 바벨 성을 둘러보고 광장에 다시 돌아와서
는 배낭여행객으로서는 사치일 수 있는 멋있는 말들이 이끄는
고급 마차 투어도 처음으로 했어. 마차와 마부 모두 기대 이상
이고 내부 자리도 너무 편해서 정말 왕이 된 듯한 기분이었지.
마차는 내부도 고급스러울 뿐만 아니라, 이동 중에 비가 조금
내렸는데 자동차 오픈카처럼 지붕이 씌워지니 너희는 신기하다
고 소리를 지르며 좋아했지.

　이제는 다시 캠핑장으로 돌아갈 시간이라 여러 번 묻고 물어
서 164번과 503번이 있는 버스정류장으로 꽤 걸어서 갔단다. 그
런데 한참을 기다려도 503번 버스는 오지 않자, 너희는 힘들고
배고프다고 불평하기 시작했어. 그때 나이 드신 폴란드 아주머
니가 조심스럽게 다가오시더니 이해 못하는 폴란드 말로 뭐라

하시는 거야!

"Weźmy na innym przystanku."

"뭐라고요? 여기가 503번 버스 타는 곳이 맞는데요?"

"Nie ma autobusu tutaj sobota Chanat Kara Kitajów."

"Pan nie ma 503 autobus dziś."

"Autobusem po drugiej stronie drogi 164 razy."

"죄송해요. 알아들을 수가 없네요."

"Proszę wziąć autobus na innym przystanku!"

"예?"

그분은 한참 동안 폴란드 말로 뭐라 하시고, 아빠는 이해를 못해서 손짓 발짓해 가며 소통하지만 알 수가 없었어. 주변의 사람들도 답답해서 거들어 주는데, 그 뜻을 정확히는 알 수가 없었지. 분위기는 다른 정류장으로 가라는 것 같은데 정확히 알 수가 없으니 바로 움직이기도 애매한 상황이었어. 다행히 조금 지나니 영어를 조금 아시는 현지인이 와서 설명해 주셨지. 같은 버스라도 토요일에는 이곳에 정차하지 않으니 길 건너 다른 정류장에 가서 164번을 타라는 것이었어. 고마운 그분께 무어라도 해 드리고 싶은데 방법이 없어 말과 함께 보디랭귀지로 감사를 표시하고 서둘러 다른 버스정류장으로 이동했지.

언어가 통하지 않지만 타인을 배려하는 마음씨 좋은 아주머니의 도움으로, 우리는 무사히 캠핑장으로 돌아올 수 있었어. 그리고 처음으로 시도해 본 아빠표 아이스 바인(Eisbein, 족발과 유사한 독

▲ 중세유럽의 귀족처럼 '길을 비켜라'

일전통음식)을 너희들은 아주 맛있게 먹고 하루를 마감했지. 폴란드 아주머니의 오지랖이 아니었다면 이렇게 맛있는 저녁도 먹지 못하고, 아마 시내에서 한참을 헤매다 결국 택시를 타고 간단한 빵으로 저녁을 해결했을 거야. 만약 그분도 많은 보통 사람처럼 외국인이 무얼 하든지 신경 쓰지 않고 내버려 두고 본인의 갈 길만 가셨다면, 우리는 비를 맞으며 아주 힘든 경험을 했겠지?

오늘의 경험을 발판으로 삼아 너희들도 다른 사람에 대한 관심과 배려로 하는 오지랖은 넓어도 좋으니, 관심을 가지고 필요할 때 적극적인 오지랖을 보여 주렴! 마음씨 좋은 아주머니의 영향도 있지만 이제까지 모든 나라 중에 아빠는 이곳 폴란드가 제일 좋구나! 기회가 된다면, 아니 만들어서라도 이 나라에서 한번 살아 보고 싶다.

  가끔은 오지랖이 넓어도 좋다.

  언어 공부를 해야겠다는 생각이 절실해지네요.

17

크로아티아 Croatia ____

에어비앤비

오늘은 동유럽을 떠나 발칸반도에 있는 크로아티아로 이동하는 날. 발칸반도는 유럽의 가장 동쪽에 위치해 있고 예전 유고연방제 국가인 세르비아, 몬테네그로, 슬로베니아, 크로아티아, 보스니아─헤르체코비나, 마케도니아 등 6개국과 알바니아, 불가리아 등의 나라들이 포함된단다. 수도인 자그레브 캠핑장을 찾았으나 아주 외곽에 한 개 있고 그나마도 예약이 안 돼 처음으로 텐트가 아닌 게스트하우스나 호텔에서 지내기로 했어. 물론 너희들은 아주 좋아했지! 캠핑 생활이 힘들 때도 됐으니까.

여러 가지 앱으로 확인한 결과, 호텔이나 게스트하우스보다는 airbnb의 가성비가 좋아서 새로운 형태의 숙박을 해 보기로 결심했어. 가격은 캠핑장 수준으로, 호텔보다 저렴하고 일반 가정집처럼 요리도 해서 먹을 수 있고 실질적인 현지 정보도 얻을 수 있어서 우리에게는 아주 딱 맞는 콘셉트의 숙소인 듯싶었지. 요즘에는 여행 및 모든 생활 관련하여 모바일 앱이 잘 발달되어 있어서 장기 여행하는 우리한테는 아주 유용한 듯해. 물론 가끔은

▲ 자그레브 숙소의 동네 어르신들

아날로그식 예약과 진행이 좋을 때도 있지만, 대부분은 아주 감탄스러울 정도로 다양한 여행 관련 모바일 앱을 사용하고 있단다. 너희도 이미 여러 게임, 공부, 일기 등의 앱을 잘 사용하고 있지만 특히 여행 관련한 유용한 앱들을 잘 활용하면 훨씬 알차고 한층 업그레이드된 여행을 할 수 있을 거야.

여행하면서 유용한 어플리케이션으로는 항공 호텔 렌터카를 할 수 있는 Sky scanner가 일반적이면서도 괜찮고, 통역 번역은 구글 번역이 대세인 듯하고, 위치 찾기 등에는 Goggle map과 Maps me가 온-오프라인 모두 유용하게 사용 가능하고, 숙박 관련해서는 airbnb, trip advisor, booking.com, hotels.com, hostelworld, ACSI camping 등 원하는 콘셉트에 맞게 앱을 사용하면 될 것 같아. 또 여행 비용을 정리할 수 있는 것으로는 트라비 포켓이 괜찮고, 대륙별 나라별 저가 항공사로는 Airasia, Easyjet, ryanair 등이 있지만 현지 나라나 대륙에서 확인하고 바로 설치해서 사용해도 불편 없이 스케줄을 진행할 수 있단다.

자그레브에서 숙박하기 위해 처음 예약한 airbnb는 크게 어렵지도 않고 다양한 가격대와 위치를 살펴볼 수 있는 것이 장점인 것 같아. 그리고 빨래를 해야 할 때는 세탁기 있는 집을 검색 조건에 포함해서 예약하면 되고, 더 편하게 자고 싶다면 침대가 많은 집으로 검색하고, 우리처럼 차가 있을 때는 무료 주차 포함을 조건에 넣어 검색하는 등 필요로 한 것만을 선별해서 집을 구할 수 있지. 우리가 주로 시내에서 조금 떨어진 캠핑장에 머무르는 것처럼 중심가를 벗어나면 좋은 가격에 편하게 지낼 수 있는 곳들도 많단다. 대신 정확한 네비게이션으로 주소지에 잘 도착해야 하고, 호스트와 만나는 시간과 체크인하는 것들을 미리 서로 잘 협의해야 해.

오늘도 호스트인 Greta와 나름 준비는 잘했지만 국제전화 비용 때문에 통화보다는 바로 아파트에 도착하려고 하다 보니 시간도 더 걸리고 아파트 주변에서 헤맨 듯해. 단기간이라면 해당 도시에서 유심 칩(SIM카드)을 구매해서 항상 인터넷에 접속되어 있다면 어렵지 않게 체크인할 수 있을 것 같아. 우리의 첫 airbnb 숙소는 그레타 어머니가 안내해 주셨는데, 언어는 통하지 않았지만 아무 문제없었고 텐트가 아닌 것만으로도 너희는 너무 행복해하는구나. 친절하고 너희에게 관심 많으신 동네분들과도 즐겁게 인사하며 산책도 하고, 특히 오디 나무에서 오디도 따 먹으면서 자그레브 도시의 여유를 한껏 즐겼지. 언제 어디서든 다양한 앱들을 잘 활용하여 더 편안하고 즐거운 여행이 됐으면 좋겠구나.

 모바일 앱을 잘 활용해라. 세상이 손 안에 들어와 있다.
참 좋은 세상이네요. 캠핑장보다 훨씬 좋고요!

이름 없는 해변에서 꿈같은 시간을

아들아, 우리는 틀 속에서 살아가고 있단다. 너희의 경우, 항상 같은 시간에 일어나서 밥 먹고 시간에 맞추어 등교하고 정해진 시간표대로 수업하고 점심 먹고, 학교가 끝난 후에는 방과후 특기적성 수업이나 학원들로 향하고, 집에 와서는 숙제를 하거나 기대에 미치지 못하는 시간 동안 게임하고 일기 쓰고 하루를 마무리하지. 이렇듯 일정한 틀 속에 많이들 갇혀 살고 있어. 너희 친구들이나 주변 사람들도 대부분 그런 삶을 살아가고 있단다. 아빠도 하루를 더 작게 쪼개어 계획하고 24시간을 효율이라는 그럴듯한 포장 속에 아빠 스스로를 옭아매고 살았었지.

　그런데 얘들아, 가끔은 즉흥적으로 살아 봐야지 만이 또 다른 즐거움과 가슴 뜀을 느껴 볼 수 있단다. 가끔은 계획과 틀에서 벗어난 즉흥적인 것이 필요하단다. 물론 즉흥적으로 무엇인가를 할 때 불안함을 느끼지. 하지만 그 불안감은 용기가 되고, 그 용기는 가슴속 깊은 추억 그리고 인생의 큰 자취로 너희를 변화시킬 거야. 그리고 책임 있는 즉흥적인 행동을 통해 너희들 스스로가 매 순간 새로워지는 것을 발견하게 될 거란다. 우리 인생은 잘 닦여진 아스팔트 길이 아니야. 그런 습관화된 삶의 길을 항상 앞으로만 달리기보다는 우리 스스로 비포장 도로로 빠져 달려 보기도 하고 샛길도 개척하고 휴게소가 아닌 곳에서 쉬어 가기도 하고 남의 수레나 차도 얻어 타고 가면 더 흥미 있고 항상 이야깃거리가 있는 인생이 되지 않을까? 오늘 우리가 뜻하지 않은 행복한 시간을 보낸 것처럼!

　우리는 오늘 크로아티아 스플리트(Split)에서 두브로브니크(Dubrovnik)로 이동하는 날이야. 차분하게 쉬다가 스플리트 나로드니와 열주 광장을 중심으로 그레고리우스 닌 동상에서 행운을 바라며 발가락도 만지고, 디오클레티아누스 궁전에서 옛날 로마의 건축과 역사도 배우고, 성 도미니우스 성당도 구경했지. 힘들었지만 경치는 최고였던 옥타고나 종탑도 올라가고, 야자수가 멋진 리바거리에서 군것질도 하면서 아쉬운 1박 2일의 스플리트 여행을 마감했단다. 그리고는 두브로브니크로 출발!

두브로브니크 숙소까지 갈려면 시간이 촉박했지만, 언제 다시 올지 모르니 산 쪽으로 난 고속도로보다는 환상적인 아드리아 해를 볼 수 있는 해안도로로 갈림길에서 핸들을 꺾고 우회전해 버렸어. 따뜻한 날씨도 좋고 하늘은 파랗고 공기도 너무 좋고…. 모든 것이 완벽하구나. 계속 감탄하면서 경치를 보기 위해 가다 서다를 반복하다 오미스라는 도시 부근에 여유롭고 너무도 아름다운 해변을 발견하고는 즉흥적으로 주차 가능한 갓길에 차를 세웠지.

"아빠, 왜요?"

"응, 바다에서 조금 쉬었다 가려고!"

"이미 지금도 늦었다면서요!"

"그렇기는 하지만 모든 게 너무 좋은데 여기서 수영하고 놀다 가자!"

"저희야 좋은데 숙소 호스트가 기다릴 텐데 아빠가 시간 약속을 어기시면 안 되죠!"

"괜찮아! 방법을 찾으면 되지 않을까? 이렇게 좋은 곳을 두고 그냥 가면 나중에 후회가 너무 클 것 같아서 그래!"

"조금 걱정은 되는데 너무 기분 좋아요!"

"이런 것이 여행의 재미이기도 하고, 인생이기도 하지!"

"아우! 아빠 최고! 빨리 수영하러 가요!"

한적하고 보는 사람도 거의 없어서 차 속에서 수영복으로 대충 갈아입고 바다로 들어간 우리. 정말 이런 곳이 천국이다 싶

▲ 아름다운 아드리아 해변에서의 여유로운 오후

은 생각이 들더구나. 특히나 예상하지 못한 좋은 환경에서 따뜻한 햇볕과 함께 수영을 즐기다 보니 너희들은 바다의 왕자가 되어 살아 있는 고기처럼 여기저기 헤엄치고 잘도 다녔어. 돌고래 놀이, 숨 오래 참기, 숨바꼭질 등 다양한 물놀이를 하며 정신없이 놀았고 모처럼 고프로로 우리의 특별한 날을 동영상으로도 남기기도 했지. 시간이 빠르게 흘러 두 시간이 지나니, 너희는 이제 배고프다고 난리야. 다행히 걸어갈 수 있는 거리에 피자 레스토랑이 있어서 갔는데, 운 좋게도 싼 가격에 최고의 맛을 누릴 수 있었지!

일정에 없는 즉흥적인 행동으로 비록 얼굴은 햇빛에 새까맣게 탔지만, 오늘 하루는 더없이 즐겁고 행복했단다. 조금 늦게 그리고 우여곡절이 있었지만 두브로브니크 숙소에도 잘 도착했고, 우린 또 다른 예상치 못한 즐거움을 찾기 위해 그렇게 잠자리에 든다.

때로는 즉흥적으로 살아라.
예기치 못한 즐거움을 만끽할 수 있단다.

어떤 날은 계획대로 살라 하시고
오늘은 즉흥적으로 살라 하시니,
어디에 장단을 맞춰야 할지 모르겠어요.
아빠, 그래도 오늘 너무 좋았어요.

18

마케도니아 Macedonia ___

아빠가 미쳤다

  오늘은 이곳 크로아티아 드브로브니크에서 마케도니아 오흐리드로 이동하는 날이야. 주로 구불구불한 산악지대의 왕복 2차선을 15시간 넘게 자동차로 이동했지. 10시간 정도 예상했는데 5시간이 더 걸린 거야. 이제까지의 여행 중 가장 힘든 날이었어. 원래는 알바니아 두러스로 갈 계획이었지. 국경과 산악지형을 감안하더라도 5시간이면 충분히 갈 수 있는 거리란다. 하지만 최근에 우연하게 확인한 내용에 의하면, 우리가 리스한 자동차는 알바니아에서는 보험이 안 된다는 거야. 그래서 다른 나라에서 추가로 보험을 가입하려 했으나 불가능하여 어쩔 수 없이 일정을 변경하고 마케도니아 오흐리드로 향하게 된 거지. 그나마 미리 알아서 조치를 취했으니 다행이야. 만약 알바니아에 가서 알았더라면 더 큰 어려움에 처했을지도 모를 일이니 말이야.

  그래서 아침 일찍 든든히 챙겨 먹고 주변 마트에서 이동 중에 먹을 간식도 준비해서 출발했지. 출발 전에 구글 지도를 보고 어느 정도 가는 루트를 확인해 보았어. 이동할 전체 구간에 주

▲ 보스니아 헤르체고비나 국경

로 산들이 많아서 '시간이 조금 걸릴 수 있겠구나' 라고는 생각을
했어. 20분 정도 달리니 첫 번째 국경인 보스니아 헤르체고비
나가 나오는구나. 토요일이어서 그런지 일찍 나왔음에도 불구
하고 국경을 통과하기 위한 대기 행렬이 아주 길게 늘어져 있었
어. 일부 운전자들은 아예 밖으로 나와서 햇볕을 쬐며 일광욕을
하거나 아름다운 아드리아 해를 즐기기도 했지.

공사구간 등을 지나 3시간 정도를 달리니 몬테네그로 국경인
Ilino Brdo Border crossing에 도착했어. 이곳은 국경 같지도 않
고 그냥 산속에 있어서, 처음에는 길을 잘못 들어 다시 되돌아
가서 국경심사를 받았단다. 몬테네그로의 동북쪽을 통해 가기
위해 닉시치와 포드고리차를 거쳐서 모이코바츠쯤 갔는데, 갑
자기 길을 막아서는 거야. 도로 공사로 인해 그쪽 길로 갈 수가
없단다. 어허, 낭패로다…. 다시 되돌아가서 다른 도시의 국경
을 통과해야 했지.

다시 왔던 길로 되돌아가서 콜라신이라는 작은 마을을 지나 산

▲ 몬테네그로 산길에서 만난 소년

길로 가기로 했어. 고민하다가 무슨 일이 있으면 그냥 그 도시와 새로운 나라에서 쉬어 가기로 하고 마음 한편으로는 불안함을, 또 다른 한편으로는 막연한 기대를 가지고 산길을 올랐지. 마음이 급하기는 했지만 산길이라 빨리 갈 수도 없어서 아름다운 산과 자연을 즐기기로 했어. 높은 산길을 가다가 엄마와 소년이 무엇인가를 따고 있는 것을 보고 차를 멈추고 내렸지. 복분자와 비슷한 산딸기 종류였어. 친절하게도 먹어 보라고 해서 한입 먹었는데, 제법 맛있었지. 산이 높고 공기가 좋아서 그런지 더 건강식이라는 생각이 들었어. 언어 소통이 안 되어 많은 대화는 나누지 못한 채 몸짓으로 감사 표시를 하고 다시 출발!

3시간 정도를 달리자 산길이 끝나고 아스팔트 2차선 국도를 만났지. 여전히 산악지형이라 천천히 조금씩 속도를 냈어. 그런데 여기저기 곳곳에 경찰이 있는 거야. 차량 번호판이 외국인 차여서인지 검문을 무려 네 번이나 당했단다. 앞 차와 같은 속도로 따라왔는데 유독 우리 차만 세웠지. 최고속도가 40㎞이니 천천히 가는 게 그 이유였어. 그리고 결국 한 번은 속도위반 티켓을 받고 말지. 이유 없이 몬테네그로가 싫어지고 빨리 벗어나고 싶어지더구나.

천천히 달려서 결국 몬테네그로를 벗어나고 드디어 코소보에 도착! 유고슬라비안 연방 등을 거쳐 독립한 지 10년이 채 안 된 나라여서인지 왠지 아직 발달되고 정돈된 느낌보다는 옛날 소련 등 사회주의 국가의 분위기가 진하게 풍겨 오는구나. 그나마 길들이 조금 나아져서 덜 힘들게 코소보를 지나고, 최종 목적지인 마케도니아에 접어들었어. 이미 밤이 깊었지만 오흐리드까지 가야 해서 식사도 미룬 채 스코페를 지나 또 달렸지. 하루 종일 달려서 밤늦게 발칸반도의 진주가 있는 마케도니아 오흐리드에 마침내 도착했단다.

아들들! 수고 많았다. 오늘은 정말 우여곡절도 많고 힘든 하루였는데, 그래도 불평 없이 즐겁게 함께해 주어서 고맙구나. 이번에는 차량 보험으로 인해 어쩔 수 없이 이런 경로로 이동을 했는데, 앞으로는 예측 가능한 이동을 하도록 해 보자꾸나.

 어쩔 수 없으면 즐겨라. 기다림도 배우면서….

그래도 산길은 드라이브하는 것처럼 좋았어요.

19

이탈리아 Italy _____

삼촌 그리고 한식

오늘은 막냇삼촌이 휴가로 우리와 함께 여행하기 위해 이곳 아테네로 오는 날이야. 세계 일주하는 아빠와 너희들을 응원해 주기 위해서 오는 거란다. 먼 타국에서 사랑하는 동생을 만날 수 있어서 아빠는 하루 종일 행복하구나. 삼촌을 본다는 설렘으로 투어는 하지 않고 한국의 은행 관련 업무 때문에 여행 후 처음으로 낯선 대사관이라는 곳에 들러 업무도 잘 보고 대충 시내를 돌아다녔지.

비행기 시간에 맞추어 여유를 가지고 공항에 마중을 나가서 한참을 기다렸는데, 어쩐 일인지 삼촌이 나오질 않더구나. 같은 비행기에 탄 사람들은 거의 나왔는데 한 시간이 지나도록 삼촌만 나오지 않으니, 아빠는 안절부절못했지. 드디어 문이 열리고 삼촌이 나왔어. 우리는 너무 반가운 나머지 크게 소리를 지르며 환영했단다. 한 시간이 지나도록 나오지 않아 걱정했다고 말했더니, 작은 짐이 하나 없어져서 찾느라 늦었단다. 그냥 개인 물건이면 포기하려고 했는데, 우리들 먹을 참기름과 고추장들이라 포기할 수 없었다는 거야. 말도 잘 통하지 않아서 많이 힘들었을 것을 생각하니 고맙기도 하고 마음이 안쓰러웠어. 어쨌든 잘 얘기가 되어 로마공항에서 다시 받으면 전화나 이메일로 연락해서 찾아가기로 해결했단다.

삼촌을 위해 그리스를 느낄 수 있도록 간단하게 맛보기 드라이브를 하고 숙소에 돌아왔지. 삼촌을 위해 나름 저녁을 준비하는데, 삼촌이 조심스레 가져온 먹거리들을 꺼냈어. 가장 소중하고 귀한 할머니 표 된장부터 김치, 젓갈, 오징어포, 최고급 매실 장아찌, 김, 깻잎까지…. 우리 삼부자는 좋아서 입을 다물지 못했지. 승빈이 넌 여행 전에는 지금처럼 한식을 좋아하지는 않았는데 장기 여행이 입맛도 바꿨는지 넌 김치를 아주 잘 먹는 한국인이 되었더구나.

된장과 김치는 유럽에 있는 내내 먹을 수 있는 양이라, 보는 것만으로도 벌써부터 마음이 든든했어. 그리고 며칠 후면 또 맞이할 참기름 등 추가 음식까지 생각하니, 너무나도 행복하구나. 꼭 아빠가 주부가 된 듯한 느낌이었어. 우리 삼부자를 위해 된장과 김치를 아주 많이 꼼꼼하게 포장하셨을 할머니 할아버지를 생각하니 감사하고 죄송하면서 가슴이 먹먹해지는구나. 또 형과 사랑하는 조카들을 위해 다양한 좋은 음식을 준비해서 냄새나고 무거운 짐을 가져온 삼촌을 생각하니, 앞으로 함께하는 15일 동안 아빠도 삼촌에게 열심히 해서 좋은 여행을 만들어야겠다는 다짐을 하게 돼.

아들아, 이것이 가족 사랑인 것 같다. 아주 멀리 떨어져 있지만 항상 걱정해 주고 무엇이든 줄 수 있는 무조건적인 사랑이 가족이란다. 가족은 이처럼 어떤 어려움이 있어도 곁에서 위로해 주고 보호해 줘서 헤쳐 나갈 수 있는 힘을 실어 주는 존재야. 비록 최근에는 핵가족화 문화가 일반적이어서 예전과 같은 대가족 사이에서 느낄 수 있는 가족애는 약해졌지만, 그 작아진 가족 속에서의 각자 역할은 더 커졌다고 아빠는 생각한다.

가족의 행복이라는 것은 단지 가족 구성원 간의 사이가 좋은 것만을 얘기하는 게 아니고, 구성원 각자 본인 삶을 얼마나 행복하게 만들어 가느냐에 따라 가족의 행복이 결정된단다. 어떤 부모들은 본인들의 청춘과 노력을 다 바쳐 자식을 키우지. 그러면서 본인들의 삶은 한편에 그냥 버려둔 채 자식만을 위해 사는 사람도 있단다. 하지만 아빠가 항상 얘기했듯이 아빠에게 가장 소중한 것은 아빠 삶이란다. 너희는 그다음이고 말이야. 그러니 너희들도 너희 자신을 가장 소중히 여기며 행복하게 살아야 한다. 너희 인생은 너희 스스로 만들어 가고 책임지는 것이기 때문이지. 우리들 각자가 행복하면 행복한 가족이 될 수 있단다.

물론 아빠는 너희들이 학교와 사회라는 거센 파도와 부딪힐 때는 옆에 있어 줄 것이고, 든든한 방패막이 되어 줄 거야. 열심히 좋은 방향으로 가라고 얘기해 줄 수는 있지만, 그래도 결정해서 행동하는 것은 너의 책임인 만큼 지금부터라도 너희 스스

▲ 보이는 것보다 기울기가 심했던 피사의 사탑

로 결정해서 적극적으로 너의 삶을 만들어 갔으면 좋겠구나. 엄마 아빠는 항상 너의 곁에 있을 테니, 힘들고 지칠 때면 언제든지 찾아와 쉬거나 재충전하고 다시 인생의 키를 행복한 방향으로 전진하기를 바란다. 사랑한다! 사랑한다! 사랑한다!

 가족은 사랑이다. 가족을 위해 나부터 행복하자!

김치하고 매실장아찌, 최고! 삼촌, 감사해요!

그리스 로마 신화와 아테네에 빠지다

그리스 로마 신화 알지? 읽었거나 이야기를 들어서 조금은 알고 있는 로마 신화가 살아 숨쉬는 나라, 그리스 아테네에서 오늘은 신들의 이야기와 함께 고대 아크로폴리스를 둘러볼 거야. 아빠는 이미 이곳을 여행한 적이 있지만 신화나 전문 가이드가 아니라서 삼촌과 너희를 만족시키기에는 지식과 스토리텔링이 부족해서 우리들만을 위한 최고의 전문가를 섭외했단다. 이제까지는 주요 관광지 여행 시에 주로 아빠가 아는 내용이나 전날 인터넷으로 공부해서 가이드를 했지만, 다양한 신화와 역사유적지를 연계해서 설명하기에는 전문가가 나을 것 같다는 판단이 들었기 때문이야.

물론 큰 비용이 들기는 하지만 투자 대비 효율이 아주 좋은 선택이기에 너희들도 필요시에는 직접 하기보다 전문가를 찾기를 권해. 앞으로도 너희가 학교나 사회에서 무엇인가를 준비하거나 해결하려고 할 때는 상황을 봐서 전문적인 지식을 가지고 있는 사람에게 의뢰하는 것이 효율적일 수 있을 거야.

▲ 아티쿠스 음악당과 아테네 시내

　직접 문제를 해결하기 위해서는 하루 종일이 시간을 필요할 일도 전문가의 손이나 말을 거치면 단 한 시간 내에 끝날 수도 있단다. 모든 사람은 관심과 잘하는 것이 각각 다르기에 전문가는 필요하지. 그리고 너희도 전문가가 될 수 있단다. 좋아하거나 관심 있는 분야를 장기간 노력하고 연구하면 전문가가 될 수 있고, 더 발전하면 사회에서 그것으로 직업을 삼을 수도 있으니 어릴 때부터 좋아하고 잘할 수 있는 것을 잘 찾아보길 바라.

　현재 그리스의 경제 위기로 인해 이번 주는 대중교통이 무료라 기분 좋게 버스와 지하철을 마음껏 타고 가까운 우체국에 들러 한국에서 우리를 응원해 주시는 엄마에게 엽서를 보냈어. 그리고 그리스어로 '헌법'이라는 뜻이 있는 산타그마 광장에서 재

▲ 재미있는 그리스 역사와 신화 이야기

미있고 연륜 있으신 베테랑 신화 이야기꾼을 만났지. 한국전에
도 참전해 희생한 무명용사 추모비부터 이야기 보따리를 풀기
시작하는구나. 너희는 추모비 근위병의 교대식 때 하는 발 모양
을 따라 하며 한참을 놀았지. 너희가 어리고 대답도 잘하니 가
이드도 좋아라 하시고 더 열심히 역사와 신화 등을 이야기하신
다. 제우스 신전을 지나 하드리안의 문에서 너희 둘 다 많은 호
기심으로 즐거워하며 본격적인 그리스 로마 신화 속으로 빠져들
었지.

그리스 신화에는 제우스를 중심으로 올림푸스 신들의 환상적
이야기, 영웅 등의 전설 그리고 인간들이 살아가는 이야기가 포
함되어 있어. 아주 많고 다양한 신들이 있는데, 그중에서도 신

▲ 파르테논 신전

들의 왕인 제우스는 가장 힘이 세고 최고의 권력을 가지고 있고, 제우스의 아내인 여신 헤라는 여신 중의 최고의 권력자이면서 결혼의 수호신이고, 제우스 다음으로 힘이 센 포세이돈은 바다의 신이고, 죽은 자들의 신인 하데스는 저승의 지배자이고, 바다의 거품에서 태어난 아프로디테는 아름다움과 사랑의 여신이며, 태양의 신 제우스의 아들인 아폴로는 태양 음악 의술 등을 관장하는 신이고, 지혜롭고 정의로운 전쟁의 여신 아테나, 잔인하기로 유명한 전쟁의 남신 아레나 등 신들 사이에 일어나 이야기가 무섭기도 하고 감동적이기도 하며 흥미진진했어. 아빠 생각에는 전혀 과학적이 아니고 너무 황당한 신화들이라 한낱 옛날이야기라고만 생각했었는데 오늘 들으니 신화도 나름 현재의 소설이나 드라마처럼 이 사회에 긍정적인 역할을 하고 있다는 생각이 들더구나.

신화 이야기를 한참 듣고 나서 술의 신은 박카스의 이름을 딴 디오니소스 극장을 지나 땀을 흘리며 아크로폴리스로 향했지. 8

월의 아테네 햇볕은 그냥 곱게 받아들이기에는 너무 따갑고 힘들었단다. 헤로데스 아타쿠스 음악당에서 잠깐 바람도 느끼고 아테네 시내 풍경을 조망했지. 옛날에 엄마랑 함께 식사했던 높은 산 위의 레스토랑도 보이는구나. 드디어 외부 침략을 대비해서 사방이 낭떨어지인 절벽 위에 지은 성인 아크로 폴리스에 접어들었지. 시원한 대리석으로 웅장하고 거대하게 만들어진 아크로 폴리스의 유일한 출입구인 프로필라이온을 지나니 드디어 파르테돈 신전이 보여!

고대 그리스가 남긴 가장 위대한 건축과 예술의 복합체로 칭송받고 있는 파르테논 신전은 아테네인의 수호여신 아테나에게 바친 것이란다. 신전을 멀리서 볼 수 있는 바위에 앉아서 또 신화 얘기와 다양한 에피소드를 풀어 가기 시작했지.

"애들아! 저기 보이는 건물이 뭔지 아니?"

"알죠! 파르테논 신전이요!"

"잘 아네! 파르테논 신전도 유네스코 세계문화 유산이란다. 그럼 처음으로 선정된 세계문화 유산이 무엇인지 아니?"

"인도 타지마할요!"

"음, 타지마할은 처음 등재된 것보다 5년 후인 1983년에 등재된 거란다. 세계문화유산은 우리나라 국보처럼 1호, 2호가 없단다. 1978년 처음으로 등재하기 시작했는데 그때 독일의 아헨 대성당, 폴란드 쿠라쿠프 역사지구, 에콰도르의 갈라파고스와 키토 역사지구 등 12개란다."

"그래요?"

"아~ 폴란드 쿠라푸프는 가 봤는데, 완전 좋았어요! 여기 그리스가 세계문화유산이 제일 많아요?"

"좋은 질문도 잘하고 똑똑하네. 2015년 기준으로 이탈리아가 50여 개로 제일 많고, 다음으로 중국, 스페인, 프랑스, 독일, 멕시코, 인도 순으로 많은 세계문화유산을 등재한 나라란다."

"우리나라는요?"

"한국은 불국사, 창덕궁, 경주 등 12개가 등재됐고 판소리와 종묘제례악과 같은 인류무형유산이 9개가 등록되어 있단다. 그럼 얘들아, 유네스코 로고 알지? 그 로고 형상은 어디서 따왔을까?"

"혹시 여기 파르테논 신전 아니에요?"

"정답이다. 통통한 녀석이 센스가 있네. 하하! 이 신전에 모셔진 아테나가 지혜의 여신이라 유네스코 이념과 맞기도 하고 신전이 품고 있는 수천 년이 스토리가 시대를 초월하여 많은 사람들에게 감동을 주었기 때문이란다."

신화 및 여러 가지로 많은 정보를 들으니, 우리 삼부자도 덩달아 똑똑해진 기분이다. 그리고 이제까지 여행한 아시아와 유럽에서 어디에서나 볼 수 있었던 유네스코 세계문화유산이었는데, 그 표식과 로고를 알고 보니 더 친밀감이 드는구나.

에렉티온 신전과 니케아 신전 등 주변의 유물들에 대해서도 재미있게 이야기를 듣고 저녁이 다 되어서야 전문가와의 투어를 마감했어. 그리고는 플라카 광장에서 그리스인 및 많은 관광객

▲ 제우스 신전

들의 여유로운 삶을 바라보며 우리도 노천카페에서의 여유를 즐겼지. 아빠는 오늘 하루 역사 전문가와 함께 신화에 푹 빠진 느낌이 너무 좋구나. 너희도 오늘을 계기로 로마 신화 및 역사에 더 흥미를 가지고 알아 가면 좋겠구나. 그리고 필요할 때는 항상 적극적으로 전문가의 도움을 요청하고 너희도 좋아하는 것에 빠져서 전문가가 되었으면 해!

 필요할 때는 전문가(specialist)를 찾아라.
사람이 어떻게 이런 것을 다 알죠? 신통방통하네요!

세상의 중심, 옴파로스

아들아! '옴파로스(Omphalos)'라고 들어 봤니? 아빠가 어렸을 때 TV CM송으로도 유명했던 추억의 옷 브랜드였는데, 아마도 너희는 잘 모를 거야. 원래 옴파로스는 라틴어로 '배꼽', '세계의 중심'이라는 의미를 가진 단어로 '중앙' 또는 '중심'을 의미한다고 해. 지구를 평평한 원반형이라고 생각했던 고대 그리스인들은 델포이를 지구의 중심이라고 생각하고, 세계의 중심인 델포이에 가장 신성한 아폴로 신전을 세우고 '대지의 배꼽'이라는 옴파로스 돌을 세웠단다. 바로 그 세계의 중심에 우리가 오늘 간 거야.

▲ 세계의 중심, 옴파로스

아테네에서 알게 된 켈리 아줌마와 귀여운 에릭과 아쉬운 이별을 하고 우리는 신탁으로 유명한 아폴로 신전이 있는 그리스 시대 최고의 성지인 델포이로 향했어. 예전에 막연하게만 알고 있었던 옴파로스에 대해서도 다시 한번 확실히 알게 된 하루이기도 해. 아직 7월로 한여름이 아닌데도 꽤 더워서 너희는 조금 힘들어했던 하루였지.

맑고 깨끗한 날씨를 즐기며 한참을 달려 델포이 가까이에 가니, 바위로 된 파르나소스산의 절경이 나타나고 드디어 토로스라는 원형 건조물이 보이기 시작했어. 델포이 고대 도시의 시작이었지. 제일 먼저 핵심인 아폴로 신전을 둘러봤어. 많이 훼손되었음에도 불구하고 그 옛날의 웅장함을 상상하며 느낄 수 있었지. 그리고 그 옛날 신탁을 했다는 신전 앞의 단상 비슷한 것도 볼 수 있었어. 신탁은 고대 그리스에서 중요한 사항을 결정할 때마다 신들의 지침을 대신하는 사람(무녀)을 통해 전달하는 것을 말해. 요즘으로 하면 신점과 비슷할 거야. 신이나 다른 고대격언을 통해 영감을 얻어서 앞일을 예언하는 거지. 이곳 아폴로 신탁이 유명해서 다른 도시나 나라에서 신탁을 받기 위해 많은 영웅과 신, 인간들이 몰려들어서 그 당시에는 아주 번창했던 도시라고 해. 2,800여 년 전에도 현재와 비슷한 것이 성행했다고 하니, 불안하고 미래를 알고 싶어 하는 인간의 기본 마음은 예나 지금이나 변하지 않는 것 같아.

기대했던 세계의 중심을 표시해 놓은 옴파로스. 진짜는 모두

도난당하는 바람에 모조 원형 돌기둥만 있었는데도 세계의 중심
이라고 믿어서인지 느낌이 색달랐어. 그리고 5,000명을 수용할
수 있었다고 하는 원형극장에서는 아테네와 폼페이에서 그랬던
것처럼 어김없이 큰 소리를 질러 극장으로서의 기능이 잘 작동
되는지를 확인했지. 그리고는 고대 경기장을 찾는데 보이질 않
았어. 너희는 고대 스타디움은 이미 여러 번 보았으니 그냥 내
려가자고 했지만, 또 다른 감동을 위해서 물어물어 한참을 땀을
흘리며 올라갔지. 시원한 바람과 나무 그늘이 있는 산 꼭대기쯤
에서 보존 상태가 아주 좋은 넓고 긴 스타디움을 만날 수 있었
어. 신전 등 고대 도시도 대단한 건축들이지만, 이 경기장과 실
제 이곳에서 했던 경기와 운영에 대한 내용을 보니 놀라울 뿐이

▲ 오디 포식의 결과

구나. 몇 천 년 전으로 거슬러 올라가 아빠도 한번 뛰어 보고 싶은 충동을 느꼈어.

올라갈 때는 힘들어서 보지 못했는데 내려오는 길에 보니 잘 익은 오디가 풍년인 뽕나무가 보이더구나. 목도 마르고 햇볕도 따가워서 더위도 식힐 겸 뽕나무 밑으로 가서 따 먹기 시작했어. 오디가 크고 수분도 많아서 아주 맛있었지. 막냇삼촌과 찬형이가 한 팀, 아빠와 승빈이가 한 팀으로 한 나무씩 맡아서 배부를 정도로 먹었어. 우리의 모습을 궁금해하는 지나던 다른 외국인들에게 설명도 해 주고 오디도 나눠 먹으면서 확실한 영어 단어도 알게 되었지. 오디가 영어로 'Mulberry'라는 것을 평생 잊지 않겠지? 꿀맛 오디 덕분에 델포이에서 우리는 또 다른 좋은 경험과 추억을 만들 수 있었단다.

그리고 바로 가까이에 있는 델포이 캠핑장으로 향한 우리. 작은 마을의 외곽이라 크게 기대하지 않았는데, 멀리 바다와 마을도 볼 수 있고 특히 전망 좋은 수영장이 있어서 텐트를 친 후에 바로 수영장에 가서 즐겁게 놀았지. 시설이나 규모는 슬로베니아의 5성급 캠핑장인 블레드에 뒤지지만, 산 위에서 내려다보는 경치와 정감 있는 주인아저씨와 아들 덕분에 여유롭고 행복한 시간을 보냈단다.

아들아, 우리는 오늘 세상의 중심이라고 하는 옴파로스에 다녀왔어. 어디든 무엇이든 누구에게든 중심은 있는 거야. 원래 태어날 때부터 사람들은 너희가 그랬던 것처럼 세상의 중심이 자신이라고 생각하고 행동해. 모든 것이 나를 중심으로 진행된다는 생각으로 살기 시작하지만 말과 생각을 하게 되고, 학교에 입학해서 친구를 사귀고, 가정환경을 이해하고, 힘의 논리를 경험하면서는 세상의 중심은 내가 아니라는 현실과 마주하게 마련이지.

하지만 아빠는 너희들이 여전히 세상의 중심은 바로 너희라고 생각하며 행동하고 살았으면 해. 이 말은 너희가 제일 소중하고 중요하다는 말과 일맥상통한다고 보면 돼. 너희가 소중한 만큼 너희 스스로를 가장 중요하게 여기고 주도적으로 행동하며 살아가야 된다는 말이야. 그리고 이 말은 생각도 중요하지만 거기에 따르는 행동이 더 중요한 것은 잘 알지? 행동이 따르지 않는 자기중심적 사고는 남에게 피해를 주거나 너희를 무의미한 인생으로 이끌기 때문이지. 바로 오늘부터 너희 자신이 가장 소중하다고 생각하고 너를 중심으로 순간순간을 열심히 살면서 즐기기 바라!

 세상의 중심은 바로 너희들이란다.
주도적으로 너희를 위해 마음껏 살기 바라.

주도적인 것과 이기적인 것을 아직 정확히 모르겠어요.

3. _아프리카

Kenya · Tanzania · Zambia

21
케냐 Kenya _____

아프리카 봉사 활동

우리는 지금 아프리카 케냐 나이로비에 있다. 적도가 가로지르는 나라, 케냐! 그런데 어찌 된 게 춥구나. 그것도 많이! 아프리카이고 적도 부근이니 당연히 따뜻하거나 더울 것으로 생각한 아빠는 정말 당황스러웠어. 그리고 따뜻한 옷을 제대로 준비 못한 것이 너희에게 미안하구나. 나이로비 온도는 1년 내내 차이는 조금 있지만 기온은 최저 11도에서 최고 24도이고 해발이 1,700m가 넘어서인지 덥지 않고 오히려 춥다. 여행객이 아니고 여기에 산다면, 날씨는 아주 좋은 날씨처럼 느껴질 거야.

추워도 우리 삼부자가 질쏘냐? 당장 현지 적응에 나선다. 나이로비 대중교통인 마타투(Matatu) 미니버스를 타고, 버스 가격도 깎고 겁도 없이 시내 여기 돌아다니며 시장도 구경하고, 이발도 하고 현지음식도 먹고 은행도 갔지. 하지만 여전히 추워서 옷은 최대한 많이 껴입고 다녔단다. 매연도 장난 아니고 정말 사람들이 많더구나. 키가 큰 현지 젊은 청년들이 10여 명 마주 올 때는 아빠도 조금 무서웠단다. 다행히 너희는 사람에 대

▲ 마음이 아프다고 하더니 깊은 생각에 잠겨 있는 승빈

한 선입견이 전혀 없어서 두려움이나 무서움이 없는 듯하구나.

오늘은 케냐에 온 목적 중 하나인 선교활동 및 봉사 활동을 하러 가는 날. 우리가 종교는 없지만 인간으로서 해야 할 도리이기도 하고, 너희들과 함께 봉사하는 삶에 대해 경험하고, 작지만 우리도 할 수 있는 것들을 찾기 위해서야. 오늘을 위해 우리들이 가지고 있는 깨끗한 옷과 문구류 그리고 여행하면서 구하거나 받은 가방, 담요, 칫솔, 수첩 등 선물들도 잘 챙겨서 현지 학생들을 위해 기증했어. 아침은 숙소에서 현지 쌀로 지은 실패한 밥으로 간단히 먹고 나왔지. 각 나라별 다양한 쌀로 밥을 잘하는 것이 쉽지는 않은 것 같아.

15분 정도만 차로 이동했을 뿐인데 어제까지 돌아다닌 시내와는 전혀 다른 모습이 우리를 맞이했어. 키베라 슬럼지역은 아니지만, 그와 비슷한 분위기를 연출했지. 인도의 다라비 슬럼지역보다는 그나마 조금 나아 보이고, 온도가 높지 않으니 다행인 것처럼 보여. 눈으로 보다가 사진을 찍을까 했는데, 차마 미안

▲ 힘든 삶 속에서도 의지로 가득한 눈망울

해서 사진은 찍을 수가 없더구나. 삶의 팍팍함이 곧바로 전해져
왔지. 이렇게 힘들게 어떻게 사는지 마음이 아프고 슬프구나.

해피케냐 프렌드 팀과 함께 빈민가의 국립 학교에 도착했어.
여기는 초등학교가 8학년제라 제법 큰 학생들도 있었지. 매주 일
요일에 현지 학교에서 하는 활동으로 게임도 하고 찬송가도 한
국어로 배우고 한국 노래도 가르치면서 선교 및 봉사 활동을 하
는 거란다. 행사는 주로 한국에서 온 유학생들이 진행했어. 영
어도 잘하고 현지 스와힐리어도 잘하고 재능이 있어 보이더구
나. 너희도 비슷한 학년들 틈에 끼여서 노래 배우는 시간에는 귀
요미 송을 현지 친구들에게 열심히 알려 주고 춤도 함께 잘 따라
했어. 여러 행사를 더 진행한 후 참석한 학생과 가족들에게 옷과
비스킷을 한 명 한 명 정성으로 나눠 주고, 촉촉하면서도 무엇인
가를 갈망하는 듯한 눈망울을 보고 진심어린 대화도 건넸지.

"함께해서 좋았습니다. 행복하고 기억에 남는 하루 보내세요!"

이런 활동을 통해서 그들과 교감 및 소통할 수 있어서 우리들 가슴이 따뜻해짐을 느낀다. 너희도 오늘 새삼 남을 배려하고 돕고 사는 것에 대해 많이 생각하고 느꼈을 거라 생각해.

아들아! 항상 봉사하는 마음으로 생활해야 한단다. 봉사는 크고 대단한 것이 아니고 나의 작은 몸짓과 관심으로부터 시작하는 거란다. 하지만 오늘 이곳 학생들이 느꼈을 것처럼 누구에게는 큰 즐거움이 될 수도 있다는 걸 알았으면 해. 학교생활을 다시 시작하면 학교든 도서관이든 아니면 동네에서든 자원봉사를 습관화했으면 좋겠어. 자원봉사는 남을 위한 시간이기도 하지만, 너희 자신도 보람과 행복감을 느끼게 되어 건강한 정신도 얻을 수 있단다. 다양한 자원봉사 활동을 통하여 더불어 함께 살아가는 마음과 배려의 정신이 풍부해지기를 바라.

봉사는 희생의 의미보다는 함께 행복하고 함께 즐거워지는 의미가 더 큰 것 같아. 남을 위해 무엇인가를 해서 행복한 것이 아니라, 너희 자신을 위해 무엇인가를 했는데 남도 함께 행복해졌다고 이해했으면 좋겠구나. 앞으로의 여행에서도 남을 배려하고 봉사하는 정신으로 잘해 보자!

 항상 봉사하는 마음으로 생활해라.

봉사 활동으로 오히려
저희가 행복하다는 것을 느꼈어요.

100년이 넘은 골프장

나이로비는 이제까지 우리가 상상해 왔던 아프리카가 아니었어. 서울 뉴욕 같은 세계 대도시보다는 작지만 고층빌딩, 대형 쇼핑몰, 광대한 센트럴 파크도 있는 큰 도시였지. 교통체증과 매연은 서울 마닐라보다 더 심각하게 느껴지는 곳이야. 우리는 현지로컬 작은 버스를 타고 쇼핑센터로 나와 도시를 걸어서 산책 겸 투어를 했지. 그렇게 한참을 걷다가 도심 한복판에서 골프장을 발견했어. '아프리카 골프장은 어떨까?'라는 호기심에 또 들어가 보았지. 이름은 '나이로비 로열 골프장'. 오래되어 보이는 골프장인데, 확인해 보니 100년도 넘는 전통 있는 골프장이라고 해. 클럽하우스에 확인을 해 보니 언제든지 라운딩을 할 수 있단다. 그래서 다음 날 기본 복장을 차려 입고 케냐에서의 마지막 일정을 초록 잔디 위에서 보내기로 했지.

아침 8시부터 가능하다고 해서 예약을 하고 일찍 도착했는데, 어쩐 일인지 문은 굳게 닫혀 있었어. 어렵게 직원을 만나서 진행하려 하니, 우리가 알던 정보와는 다른 것이 많았지. 그린피도 2배 이상을 더 내라 하고, 클럽대여와 캐디까지 걸리는 것이 여러 개였어. 1번홀 매니저에게 상황 설명을 하고 사정을 하지만 방법이 없어 보였지. 의사소통도 쉽지 않아서 포기할까 생각하던 중 아침에 골프장에서 인사한 한국분을 다시 보게 되어 상

▲ 100년 된 골프장 라운딩

황 설명을 하니 도와주신단다. 큰 도움으로 우여곡절 끝에 1번
홀부터 도와주신 한국분 다음 팀으로 시작할 수 있었지. 100여
년 된 골프장이라 기대를 많이 했는데, 새롭게 골프장을 다시
조성하느라 여기저기 새로운 해저드와 그린 공사 중이더구나.
전동 카트 없이 걸어서 하는데도 너희들은 다행히 날씨가 좋아
체험골프 치고는 잘 놀면서 치고 나갔지. 큰 무리 없이 전반 9홀
을 끝내고 레스토랑에 가니, 도와주신 한국 분이 음식까지 계산
해 주셨어. 덕분에 감사한 마음으로 나머지 후반도 즐겁게 경기
를 즐길 수 있었지.

　잘 마치고 계산을 하러 가니 이미 계산이 모두 되었다는 거야!
너무 부담스러운 대우라 전화를 드리니, 그냥 좋은 추억으로 생

각하고 좋은 여행하라고 하시더구나. 너무 고마운 천사 같은 분을 만나 하루 종일 즐겁게 보냈지만 과분해서 마음이 편하지만은 않아. 그러나 내일 당장 케냐를 떠나고 한국은 당장 들어가지도 않으니, 여기에서는 보답할 방법이 없어 보이는구나. 그냥 너무 감사하고 고마울 따름이야. 덕분에 케냐의 여행이 아주 좋은 기억으로 마무리될 것 같아.

　아들아, 오늘 우리는 뜻하지 않은 좋은 분을 만나서 행운을 즐겼단다. 아는 분도 아니어서 부담되긴 하지만, 여행하면서 받는 큰 축복이라 생각하기로 하자. 대신 우리 또한 여행하면서 크든 작든 한국인이나 현지인에게 오늘 받은 그 이상을 베풀도록 하자꾸나. 앞으로 너희들이 살아가면서 가끔은 뜻하지 않게 행운을 누릴 수 있는 기회가 있다면, 꼭 그 이상으로 다른 사람에게 또 다른 행운을 전파해주는 사람이 되었으면 좋겠구나. 그리고 오늘 우리에게 베풀어 주신 그분의 마인드처럼 우리도 다른 사람에게 뜻밖의 행운을 주는 삶을 살도록 노력하자.

 가끔 뜻밖의 행운을 즐겨라. 그리고 남에게 행운을 줘라.
행운을 받아 좋기는 하지만 오늘은 너무 죄송하네요.

아프리카 초원을 달리다

아빠가 어렸을 적에는 TV 프로그램 〈동물의 왕국〉을 보면서 상상력도 키우고 동물원에서도 볼 수 없는 동물들과 그들의 삶을 이해할 수 있었단다. 그 어린 생각에도 동물의 약육강식이 얼마나 무서웠는지 몰라. 그리고 어른이 되어 보니 인간세계의 먹이사슬도 세렝게티 초원과 비슷하다는 생각을 하게 된다.

하지만 다른 점은 동물의 세계에서는 최상위 포식자든 중간 포식자든 섭리에 따른 배고픔의 충족이라는 조화와 공존이 있는 반면, 인간세계는 끝없는 욕심으로 강자와 당하는 약자 간의 끝없는 전쟁이라는 거야. 너희도 이번에 보았듯이 한번 사냥한 호랑이나 표범들은 바로 옆으로 가젤이나 임팔라가 지나가도 전혀 공격하지 않지. 초식동물인 가젤이나 임팔라도 그것을 알고 있는 듯해. 그래서 이 초원이 수백 년 동안 이상 없이 예전과 똑같이 유지될 수 있는 게 아닌가 싶어.

그런 동굴의 왕국에 지금 실제로 우리는 아프리카 세렝게티 초원에 와 있어. 우기에는 탄자니아 쪽에서 케냐의 마사이 마라로 물을 좇아 동물들의 대이동이 있다고 하여 세렝게티의 서북쪽인 마사이 마라로 향했지. 정말 꿈만 같구나. 일단 상상도 못할 만큼 어마어마하게 커. 달려도 달려도 끝이 보이질 않는 초원이지. 그 광대함에 놀라고 방대한 규모에 소스라칠 때쯤 우리 모두는 저 광대한 자연 앞에서 겸손할 수밖에 없음을 느꼈단다.

▲▲ 떼 지어 이동하는 누우 떼, 광활하고 푸른 아프리카 초원
▼ 멋지고 우아한 기린의 자태, 기린의 무리

　처음에는 얼룩말과 누우 떼 수백 마리의 무리를 보았지. 너희는 동그랗게 뜬 눈을 반짝이며 연신 '우와' 하며 소리쳤어. 초원 안쪽으로 더 들어갈수록 '빅5'라고 불리는 사자, 표범, 코끼리, 버팔로, 코뿔소를 비롯해 하이에나, 악어, 하마, 치타, 원숭이, 가젤, 엘란, 기린, 임팔라 등 정말 많이 동물들을 만났단다. 아빠는 그중에서도 우아한 기린에게 제일 호감이 가더구나. 드넓은 초원 위에 훤칠한 키도 멋있고 뛰는 것도 기품 있어 보이고 특히 눈이 선하고 예뻐 보였어. 전체적으로 우리 모두 특별하고 신기한 경험을 했지.

　그런데 조금은 동물들에게 미안한 생각도 드는구나. 보기 쉽지 않은 사자, 하이에나, 표범 또는 치타가 있다고 하면 서로 무전으로 연락해서 많은 사파리 차들이 그곳으로 모여들어 그들의 사냥이나 휴식을 방해한 건 아닐까 하는 생각이 들었기 때문이야. 실제 사자나 표범이 초식동물을 잡는 장면은 보지 못했지만, 사냥하는 장면과 이미 사냥 후 표범 가족 5마리가 식사하는 모습을 보니, 내가 정말 먹이사슬의 세계에 들어와 있음을 새삼 실감했어. 여기저기 죽은 동물들과 이미 먹고 난 뼈들을 쉽게 볼 수 있었지. 그리고 세렝게티 공원을 가로지르는 강에는 동물들이 건너다가 서로에게 밀리거나 밟혀서 또는 하마나 악어에게 물려 죽은 동물들도 생각보다 많이 발견할 수 있었어.

하루 종일 게임드라이브를 하느라 차를 타고 돌아다녔는데도 피곤하지 않구나. 오히려 시간이 너무 빨리 가는 것처럼 느껴져. 너희도 아주 감동스러워하고 기분 좋아하면서 연신 사진도 찍고 질문도 많이 했어. 사파리 차를 타고 다니는 것도 재미있고, 날씨도 시원하니 너무 좋구나. 하늘은 파랗고 끝없는 초원은 완전 깨끗하고, 비가 오지 않았지만 큰 무지개가 떠서 또 다른 볼거리가 있어 좋았어. 어느덧 시간이 흘러 해가 지기 시작해.

"우와, 멋지다!"

세렝게티 초원에서의 일몰을 보다니…. 동서남북 모든 방향이 시원하게 열린 공간에 오직 우리만 존재한 듯한 느낌이 들어 세상 부러울 것이 없었어. 이제까지 내가 본 많은 일몰 중에 단연 최고다(나중에 우유니 사막에 밀려 두 번째로 멋있는 일몰이 되고 말았지만). 멋있고 황홀했어. 모든 순간을 카메라에 담지 못하는 것이 아쉬울 따름이란다.

▲ 초원에서 무지개를 만나다

2박 3일 동안의 세렝게티 초원 탐험은 평생 우리들 기억에 깊게 각인될 것 같아. 먹는 것과 잠자리가 조금 불편한 것은 아무것도 아닌 것처럼 느껴졌어. 오히려 그런 자연적인 환경이 더 기억에 남았지. 빅5를 포함한 다양한 동물들의 삶을 지켜보는 것도 좋았지만, 시시때때로 변하는 초원의 모습은 대자연 앞에서 조용히 입을 다물고 묵상을 하게 하는 마법의 힘이 훨씬 기억에 남는구나.

　아들아, 살면서 힘들 때면 아프리카의 대초원을 생각하자. 대자연 앞에서 느꼈던 그 추억을 되새긴다면 더 담담해지는 우리들 자신을 발견할 수 있을 거야. 광대한 땅에서 이루어지는 많은 것처럼 우리들이 사는 세상도 비슷하니, 잘 받아들이면 머릿속 복잡한 감정의 실마리를 찾을 수 있단다.

 힘들 때면 세렝게티의 드넓은 초원을 생각해라.

　　　　저 넓은 초원에서 뛰어놀고 싶어요.

22

탄자니아 Tanzania ____

폴레 폴레 눈 덮인 킬리만자로

너희들이 태어난 지도 벌써 10년 이상이 지났구나. 그 10년여 년의 시간이 한번에 지나간 게 아니고, 너희의 하루하루가 모여서 한 달이 되고 1년이 되고 다시 10년이 된 거란다. 태어나서 돌을 지나 처음으로 내디딘 걸음마가 첫걸음이 되고 두 번째 걸음으로 이어지고 그 걸음이 또 다른 걸음으로 이어져 오늘에 이른 거란다. 처음 시작할 때의 한 걸음이 비록 보잘것없어 보이긴 하겠지만, 인생에선 한 걸음 한 걸음씩 나아가는 것 말고는 앞으로 나아갈 수 있는 방법이 없단다. 그렇듯 우리가 살아가는 이 삶 속에서는 어떤 과정을 생략하고 바로 다음 단계로 넘어갈 수 있는 것이 없지.

우리는 지금 킬리만자로에 있다. 해발 5,895m로 아프리카 대륙의 최고봉이고 지구상에서 가장 큰 휴화산이지. 여기서 우리가 가장 많은 말을 듣기도 하고 스스로 많이 한 말이 바로 '폴레 폴레(pole pole)'야. 여기 탄자니아 말인 스와힐리어로 '천천히'라는 의미로, 매일 수천 번을 되뇌면서 킬리만자로를 오른다. 아

▲ 킬리만자로 트레킹 시작 전의 밝은 모습   ▼ 첫째 날 트레킹을 즐기는 삼부자

빠도 이번 킬리만자로 트레킹을 통해 '한 걸음 한 걸음 천천히'의 의미를 가슴 깊이 새겼듯이 너희도 이 소중한 경험을 토대로 인생의 가치를 높일 수 있는 한 걸음씩 매일 전진하기를 바라. 그리고 그 한 걸음은 누군가가 대신해 줄 수 있는 것이 아니고 바로 너희들 자신의 근육을 스스로 움직여야 한 걸음이 되고 조금이라도 나아가는 것이지. 탄자니아 속담에는 다음과 같은 말이 있어.

Haraka haraka haina baraka, pole pole ni mwendo.
하라카 하라카 하이나 바라카, 폴레 폴레 니 므웬도

　서두르는 것에는 축복이 없고, 천천히 하는 것이야말로 자연의 속도라는 의미야. 이제까지 아빠가 살아오면서 추구한 삶과는 반대라 처음에는 익숙하지 않더구나. 그러나 아프리카에서 몇 주 살아 보니 이들의 삶과 속담을 이해할 수 있었고, 특히 킬리만자로라는 자연 속에서는 진리라는 것을 깨달았단다. 폴레 폴레, 킬리만자로 속으로 들어가자!

　"먹이를 찾아 산기슭을 어슬렁거리는 하이에나를 본 일이 있는가? 짐승의 썩은 고기만을 찾아 다니는 산기슭의 하이에나, 나는 하이에나가 아니라 표범이고 싶다. 산정 높이 올라가 굶어서 얼어 죽는 눈 덮인 킬리만자로의 그 표범이고 싶다."

　아빠가 좋아하는 가수 조용필의 〈킬리만자로의 표범〉인데 이제는 10대 초반인 너희들도 아주 좋아하는 노래란다. 그러면서 꼭 정상에서 얼어 죽은 킬리만자로의 표범을 찾겠다는 강한 의지로 5박 6일의 특별한 산행을 시작한다.

　첫째 날은 열대밀림과 화산지형을 걷는 지루하고 인간의 한계와 싸우는 마랑구 게이트(Marangu gate)에서 만다라 산장(Mandara Huts)까지 가는 길이야. 해발 1,800m가 넘는 곳에서 2,700m까지 약 8㎞ 정도의 열대 우림 지대를 걷는 코스이지. 입산 등록을 마치고 우리 삼부자의 산장을 포함한 입장료로 1,634달러(한화

약 2백만 원)를 결제했어. 이제까지 6개월 동안 여행하면서 가장 큰 돈을 지불한 셈이지. 죽을 위험까지 감수하며 하는 트레킹인데 비용이 이렇게 비싸니 아니러니하게 느껴졌어. 하지만 위험에 노출될수록 큰 용기를 배울 수 있고, 어린 나이에 죽을 만큼 힘든 경험을 하는 것이 앞으로의 인생에 도움이 될 것 같다는 확신으로 한 걸음 한 걸음 힘찬 발걸음을 내딛고 나아간다.

시작점에서 50m 정도만 가니, 갑자기 전혀 다른 정글이 나오는구나. 햇볕이 강하지만 나무들이 만들어 준 그늘로 인해 트레킹은 제법 시원하게 잘 진행되었지. 얼마 가지 않아서 그냥 길가에 앉아서 점심 도시락을 먹었어. 엊그제 나이로비부터 함께한 뉴욕에서 온 친구, 그리고 오직 킬리만자로 트레킹만을 위해 온 일본인, 중국인과 함께 점심을 함께했지. 그리고 각자 또 알아서 출발했어.

첫째 날 만다라 캠프까지는 보통 3시간이면 가는 길을, 우리는 5시간이 넘게 걸려서 거의 저녁이 돼서야 만다라 캠프에 도착했단다. 승빈이가 잘 걸었는데 마지막 구간에 힘들어하는 바람에 조금 지연되었지. 도착해서 리셉션에 도착 신고를 하고 4인용 침대가 있는 작은 통나무텐트에서 쉬었어. 너희는 새로운 경험이기 때문인지, 둘 다 들뜬 기분에 매우 좋아하는 눈치야. 특히 통나무 텐트로 직접 가이드가 따뜻한 물을 가져와서 얼굴, 손, 발만 간단히 씻게 해 주니 더 특별하고 신기해하는구나. 저녁은 따뜻한 수프와 닭고기 등으로 잘 먹고 큰 어려움 없이 첫째

▲ 만다라 산장(2,720m) 도착

날을 마무리했지. 새벽녘에 화장실 가기 위해 나와서 본 맑고 깨끗한 하늘과 별들은 평생 잊지 못할 장관이었단다.

둘째 날은 만다라 캠프에서 호롬보 캠프(Horombo Hut, 3,720m) 까지 약 11㎞를 걸어서 올라가는 코스였어. 해발고도는 약 1,000m를 올라가는 거야. 여기서부터 가이드들이 "폴레 폴레!" 라고 외치면서 천천히 가기 시작해. 킬리만자로의 가장 큰 장애물인 고산병 증세가 시작되는 구간이기도 하지. 어제는 정글 속을 걸었는데 오늘은 처음 20분은 큰 나무도 있더니 그 이후로는 나무들이 작아지고 2시간이 지나니 키보다 작은 나무들만 보일 뿐이야. 해발 3,000m쯤에 오르자 승빈이가 고산병 증세 등으로 힘들어했어. 그때부터 승빈이 페이스에 맞추어 아빠도 태어난 이래 가장 천천히 산행을 했지.

"폴레 폴레…. 폴레 폴레…."

이렇게 천천히 가도 되나 싶을 정도로 그렇게 천천히 걸었어. 힘든 와중에도 승빈이 너는 엉뚱한 질문을 자주 하더구나. 호롬보나 정상 만년설에 폭탄이나 박격포 쏘면 어떻게 되는지부터 정상의 만년설을 녹이려면 태양이 얼마나 가까이 있어야 하는지 등 어린이다운 질문을 마구 쏟아냈지. 그러면서도 불평은 거의 하지 않고 한 걸음 한 걸음 천천히 잘 간다. 아빠는 승빈이가 목표의식을 가지고 힘들어도 불평 없이 한 발 한 발 가는 것이 너무나도 대견했단다.

▲ 3,500m가 넘으니 지치고 숨쉬기도 힘들고….

　해발 3,500m 부근부터는 더 힘들어져서 모두 말도 별로 없어졌어. 보통 사람은 7시간 정도의 구간을 우리는 거의 11시간을 걸어서야 다행히 어두워지기 전에 도착할 수 있었지. 그런데 도착하자마자 기뻐할 시간도 없이 고산증세가 모두에게 엄습해 왔어. 고산에 적응하기 위해 폴레 폴레 천천히 올라왔음에도 불구하고 아빠는 머리가 깨질 듯이 아팠고, 너희들은 토하고 화장실 가고…. 그야말로 정신이 없었지. 저녁도 제대로 먹지 못하고 뜨거운 차 한 잔씩 하고 통나무 막사에 죽은 사람처럼 쓰러지고 말았어. 가이드와 포터가 내일 일정으로 미팅하자고 해도 무시하고 내일 논의하자고 하고 일단 잠을 청했지. 하지만 머리만 아플 뿐 잠은 오질 않는구나. 다행히 너희들은 힘들어하더니 잠이 든 모양이야. '아빠라도 멀쩡해야지 너희들을 돌볼 텐데….' 미안하면서도 6일간의 트레킹이 처음으로 후회되기 시작한다. '죽지는 않겠지?'라는 심정으로 그렇게 잠이 들고 말았어.

▲ 고산증 등으로 한 걸음씩, 폴레 폴레
▼ 힘들어 곤히 잠든 모습. 찬바람에 탄 얼굴 모습이 짠하다.

이윽고 셋째 날이 밝았어. 고산에 어느 정도 적응이 되었는지, 어젯밤의 힘들었던 고산병은 어느 정도 사라지고 정신도 제자리에 있었지. 너희들도 언제 그랬냐는 듯이 공기도 좋고 하늘빛도 너무 좋다고 난리야. 특히 이곳 킬리만자로에만 주로 서식한다는 유칼리투스 나무도 멋지다고 감탄했지. 오늘은 고산 적응하는 날. 넷째 날 가야 하는 키보 산장까지 가지 않고 4,100m인 지브라 락스(Zebra Rocks)까지만 왕복하며 우리의 신체를 고산에 적응하는 시간이지. 아빠가 일부러 너희들을 위해서 5일에서 6일로 하루를 더 늘린 것인데, 너희보다 오히려 아빠를 위한 시간인 것 같구나. 4박 5일짜리 일정인 사람들은 아침 일찍 키보

▲ 해발 4,000m에서 휴식과 지치지 않는 포터들

로 떠나고 없었어.

우리는 늦은 아침을 챙겨먹고 고산 적응 코스인 Zebra rocks로 올라가기 시작했지. 언덕이 많은 코스여서인지 2시간 30분을 갔는데도 무척 힘이 드는구나. 4,000m 지점에서 승빈이는 아빠랑 쉬고, 찬형이는 지브라 락까지 다녀왔어. 체력과 고산병을 고려했을 때는 아무래도 우리 삼부자 모두 함께 정상까지 가는 것은 무리처럼 보여. 정상은 못 가더라도 5,000m까지는 가고 싶은데 당장 키보 산장까지 가는 것도 만만치 않아 보이니…. 일단은 함께 모두 가기로 하고, 그렇게 하루를 마무리한다.

넷째 날은 호롬보 캠프에서 키보 캠프(Kibo Huts, 4,750m)까지 9km를 가야 해. 어제 하루 적응도 잘했으니 잘할 수 있다는 희망을 가지고 우리는 아침 일찍 출발하기로 했지. 호롬보에서 머물면서 알던 많은 외국 사람들은 꼭 힘내서 키보에서 보자고 하면서 파이팅 해 주는구나. 우리도 그들에게 진심으로 파이팅 하며 격려를 보냈어. 출발하려는데 리더 가이드인 카도가 공원 관리소에서 사인을 해야 한단다. 너희 둘 다 어려서 부모 동반을 해야 하고, 모든 책임을 아빠가 진다는 내용을 자필로 쓰고 사인을 하는데 어찌 기분이 묘하더구나.

그리고 출발했는데, 승빈이가 어제와는 다르게 걸음 보폭도 어제보다 크고 속도도 빨랐어. 그래서 '오늘 키보 캠프에서 잘 수 있겠구나!'라고 큰 기대를 했지. 하지만 점심식사 후 4시간째가 지나면서부터 급속히 속도가 떨어졌어. 해발도 4,000m가 넘고 햇빛도 뜨거워서인지 한 발짝 움직이는 데만 몇 초씩 걸렸

▼ 정상에 오르고 싶어 눈물을 보이는 찬형

▲ 결국 키보 산장 가는 길에 포기하고 정상에서의 마음으로 한 컷

지. 아빠도 고산증세가 있어서 차츰 힘들어지기 시작했고 말이
야. 4,200m 부근에서 많이 지체가 되어 결국 4,300m 정도 되
는 지점에서 하산하기로 결정했어. 왜냐하면 저녁이 되기 전에
올라가든 내려가든 어느 쪽 캠프든 도착해야 하는데, 키보 캠프
로 올라가는 것이 훨씬 위험해 보였거든.

찬형이 너는 정상을 가고 싶은 마음에 하산한다고 하니 정상
까지 올라가자고 울먹였지. 잘 이해시키고 10년이나 12년 후에
다시 꼭 오기로 하고, 결국 우리는 천천히 다시 내려가기 시작
했어. 2시간 넘게 올라온 거리를 20분에 내려가니 허탈하더구
나. 그렇지만 힘들어도 한 걸음 한 걸음 불평 없이 함께해 준 너
희가 너무 대견하고 사랑스러워. 이번 킬리만자로 트레킹으로
값지게 배운 '폴레 폴레' 정신을 잘 기억해서 앞으로 살아가는 길
에 큰 도움이 되었으면 좋겠어.

다음 날 게스트하우스에서 오랜만에 샤워를 하고 한식 김치찌
개를 먹으니 인간으로 다시 돌아온 느낌과 이것이 천국이라는

느낌이 들어. 그런데 아들아, 어떡하지? 아빠가 너희들과 약속을 못 지킬 수도 있을 것 같아. 몸과 마음이 편안해지니 다시는 킬리만자로 산행을 하고 싶지 않구나. 젊은 너희들끼리 꼭 다시 와서 정상에 도전하길 바란다. 아빠는 이번 한 번으로 좋은 경험으로 만족하고, 대신 아빠는 여기 아래 마을에서 너희를 위해 음식을 준비하며 축하 파티를 준비할게. 수고 많았다. 사랑한다!

 인생도 킬리만자로 등정처럼 한 걸음, 한 걸음씩 폴레 폴레!
아빠! 12년 후에 꼭 다시 와서 정상에서 봐요!

잠보♬ 하쿠나 마타타♪

탄자니아 동쪽 인도양과 접해 있는 보석 같은 섬 잔지바르에서 우리 삼부자는 자연의 아름다움과 슬픈 역사를 동시에 느꼈어. 잔지바르는 하얗고 부드러운 모래와 옥색의 바다 그리고 야자수가 어우러지는 이루 말할 수 없는 원시의 아름다움을 간직한 해변을 가지고 있는 반면에, 아랍인과 유럽인들의 식민지로 향신료 무역과 노예무역의 주무대가 되면서 비인간적인 삶을 살았던 슬픈 역사를 가지고 있는 섬이고 나라란다. 우리는 스톤타운에서는 역사를 느끼고 섬의 북쪽에 있는 능귀 해변과 주변 섬에서는 빼어난 자연경관을 즐겼어.

　세계문화유산으로 지정된 스톤타운은 수세기 동안 아시아와 아프리카 사이에 있었던 활발한 해상 활동이 잘 나타난 건축양식과 도시 구조를 잘 볼 수 있단다. 이곳은 전혀 아프리카답지 않는 도시인 듯해. 아시아, 유럽, 아프리카 등 3개 대륙의 문화적 융합과 조화가 물질적으로 잘 이루어져 있어 보였어. 우리가 머물고 있는 잠보 게스트 하우스에서 가깝기 때문에 우린 지도 한 장 들고 '잠보 잠보 브와나'를 흥얼거리면서 걸어서 둘러보러 나갔지. 하지만 건물과 건물 사이로 난 수십 갈래의 골목길을 흥미롭게 보다가 길을 잃어버리고 말았어. 아빠가 위치감각은 떨어지는 편이 아닌데도 불구하고, 어디가 어딘지 전혀 모르겠고 머리가 하얘지는 경험을 했지.

　간신히 물어 물어 집에는 왔지만, 저녁에 저녁식사 먹으러 가다가 또 길을 잃어서 전혀 엉뚱한 곳에서 저녁을 먹게 되었어. 희한한 경험을 했지만 길을 잃고 헤매면서도 우리는 킬리만자로에서 배우고 이곳 게스트하우스에서 다시 배운 잠보 노래를 반복하면서 행복하게 집을 찾았단다. 우리가 힘든 킬리만자로 트레킹을 하면서도 똑같은 노래를 배우고 불렀는데, 여기서도 가사 중 지역만 바꿔서 똑같이 부른 거야. 잔지바르에서 보냈던 5일은 그 노래 덕분에 우리는 더 즐겁게 더 소리 높여 보낼 수 있었어.

　특히 섬에 도착부터 떠날 때까지 함께해 주었던 현지 택시 기사님이 다른 버전도 가르쳐 주셔서 이동할 때마다 우리들 모두 열심히 불렀지. 노래 하나로 게스트하우스 매니저와 그리고 처음 본 택시기사 알리와도 하나가 되어 행복한 하루를 보냈단다.

♪

Jambo Jambo Bwana 잠보 잠보 브와나 (안녕하세요)

Habari gani? 하바리 가니? (어떻게 지내세요?)

Mzuri Sana 무주리 사나 (전 잘 지내요)

Wageni Mwakaribishwa 와게니 와카리비슈와 (여러분 환영합니다)

Zanziba yetu 잔지바 예뚜 (우리 잔지바르에는)

Hakuna Matata 하쿠나 마타타 (아무 걱정없어요)

Jambo Jambo Bwana 잠보 잠보 브와나 (안녕하세요)

Habari gani? 하바리 가니? (어떻게 지내세요?)

Mzuri Sana 무주리 사나 (전 잘 지내요)

Wageni Mwakaribishwa 와게니 와카리비슈와 (여러분 환영합니다)

Zanziba yetu 잔지바 예뚜 (우리 잔지바르에는)

Hakuna Matata 하쿠나 마타타 (아무 걱정없어요)

Zanzibar nchi nzuri 잔지바 인치 쥬리 (잔지바르는 아름다운 나라예요)

Hakuna Matata 하쿠나 마타타 (아무 걱정없어요)

Nichi ya kupendeza 인치 야쿠펜데쟈 (행복한 나라지요)

Hakuna Matata 하쿠나 마타타 (아무 걱정없어요)

Wageni Mwakaribishwa 와게니 와카리비슈와 (여러분 환영합니다)

Hakuna Matata 하쿠나 마타타 (아무 걱정없어요)

▲ 여유로운 능귀 해변　▼ Mmimba 아일랜드 스노클링

　　우린 한 시간이 넘게 이동하는 동안 계속 이 노래를 부르며 잔지바르의 보석 같은 바다가 있는 능귀 해변으로 향했어. 해변은 한가롭고 고즈넉하고 아름다웠지. 하고 싶었던 스쿠버다이빙은 너희들이 어려서 하지 못하고, 결국 스노클링을 하기로 결정! 스노클링은 한 시간 넘게 떨어진 또 다른 섬인 Mmimba 아일랜드 주변에서 하는데, 가는 동안 날씨가 안 좋아서 죽을 뻔한 경험을 하고 말았어. 처음에는 출렁이는 파도를 타며 다같이 잠보 노래를 부르다가 30분이 지나서는 뱃멀미로 모두가 조용해졌지. 아빠도 조금 힘들었지만 배가 전복되지 않기만을 바라며 안전조끼를 더욱 조이고, 만약의 사태에 대비해 취할 행동들을 생각하며 너희들을 챙겼단다.

비가 내리고 특히 파도가 높아서 배 안에까지 바닷물이 들어 왔어. 그런데 스노클링 포인트인 아름다운 섬에 도착하자마자 거짓말처럼 날이 맑아지고 해가 떴단다. 그리고는 뱃멀미로 곧 죽을 것처럼 힘들어했던 사람들은 또 언제 그랬냐는 듯이 모두 바다에 뛰어들기 시작했지. 바닷속이 무척이나 아름답더구나. 많은 스노클링과 다이빙을 해 보았지만 아마 이곳 스노클링이 가장 아름다운 것 같아. 너희도 많이 좋아하면서 시간 가는 줄 모르고 제법 멀리까지 돌아다녔지.

저녁으로는 죽을 고비를 넘기고 멋진 바닷속을 여행한 것을 자축하고자 해변을 끼고 자리 잡은 분위기 좋은 레스토랑에서 각종 해산물로 모처럼의 만찬을 즐겼어. 잔잔한 파도 소리와 제 이슨 므라즈의 〈I'm yours〉의 선율로 낭만적인 시간을 보내니, 너희와 함께하는 지금 이 순간이 천국이라는 생각이 드는구나.

다음 날은 다시 알리의 택시를 타고 잠보를 다양한 버전으로 목청껏 부르고 웃으면서 잔지바르를 뒤로하고 새로운 도시 다르 에살람으로 떠난다. 이제는 잔지바르하면 〈Jambo〉 노래가 먼저 생각날 것 같아. 우리가 열심히 합창한 잠보 노래처럼 항상 노 래를 통하여 긍정적으로 하루를 행복하게 보내자!

Hakuna Matata!

 노래 하나로도 충분히 행복한 하루를 보낼 수 있다.
노래가 너무 재미있고 노래를 하면 밝아지고 힘이 나요!

23
잠비아 Zambia ____

2박 3일 55시간

아들아, 아무리 장시간의 버스나 비행기 이동이라 할지라도 노하우를 알면 힘들지 않고 즐겁게 시간을 보낼 수 있단다. 우리는 2박 3일 동안 버스로 탄자니아 다르에살람에서 잠비아 리빙스턴까지 이동했지. 세계 3대 폭포 중 하나인 빅토리아 폭포를 만나러 가기 위해서야. 이번 이동은 삼부자의 세계 여행을 통틀어서 가장 긴 구간이고, 시간은 무려 55시간이 소요돼. 아빠가 여러 도시와 비행기 연계 등 많은 방법을 찾아보았지만 고민 끝에 버스로 국경을 넘어 루사카를 거쳐서 리빙스턴까지 가는 것이 최선이라 이 같은 결정을 내렸지.

▼ 삼부자가 2박 3일간 숙식한 버스

▶ 간단 경로

📍 탄자니아 다르에살람 → 국경 툰두마: 18시간(아침 6시 출발, 저녁 12시에 도착) 📍 국경 버스 안에서 대기 → 다음 날 오전 출국 수속 및 잠비아 입국 비자 수속: 11시간 📍 툰두마 → 잠비아 루사카: 18시간 소요(오전 11시 출발, 아침 5시 도착) 📍 루사카 → 리빙스턴: 8시간 소요(아침 7시 출발, 오후 3시 도착)

처음에는 우리도 엄두가 나지 않는 시간이었지만 나름 계획과 방법을 찾으니 생각보다 지루하지 않게 잘 도착한 듯싶어. 장거리 이동 시 아래와 같이 계획하고 준비한다면 오히려 의미 있는 시간으로 알차게 사용할 수 있단다. 아무 생각 없이 그냥 차에 오르는 것보다 오르는 순간부터 여러 가지를 생각해서 선택하고 행동하면 장시간 몸과 마음이 편하게 여행할 수 있으니 명심하고 연습해 보기 바란다.

1. 좌석 선택하기

외국의 버스는 좌석제가 정확히 지켜지는 경우도 있지만 그렇지 않은 경우도 있기에 가능하면 먼저 버스에 탑승해서 좋은 자리에 앉는 것이 좋아. 지정석이라면 예매 시에 모든 내용을 파악하고 자리 번호를 잘 골라야 해. 통로 좌석이 정차 시에 내리기에 편하고 다리도 스트레칭 할 수도 있어 편리하고, 가능한 화장실과 멀리 떨어진 좌석을 선택하고, 콘센트 사용이 편리한 자리에 앉으면 된단다. 2층 버스일 경우에는 2층 가장 앞자리가 경치도 잘 볼 수 있고 다리도 뻗을 수 있어 좋지. 계절에 따라서 그리고 버스가 달리는 방향에 따라서 좌석마다 온도 차이가 많이 나기 때문에 이것도 고려해서 자리를 선택하는 것이 좋아. 장시간 이동하는데 춥거나 덥다면 더 힘든 여행이 될 수 있기 때문이란다.

2. 음식 준비하기

자기가 좋아하는 음식을 미리 준비해 가면 휴게소에서 값비싼 음식을 급하게 먹지 않아도 되고, 먹는 시간을 내 마음대로 조절할 수 있어. 음식은 가능한 다양하게 준비하는 것이 좋아. 이번에는 아빠가 우붕고 버스터미널 주변에서 최고의 음식인 우족을 포장해서 맛도 있고 칼로리도 높아서 장기 여행하는 데 큰 도움이 된 것처럼 승차 후 다음 식사 정도는 제대로 된 음식으로 포장해서 가는 것이 좋단다.

그리고 휴게소나 터미널에서 음식 살 때는 돌아다니며 파는 사람에게 사기보다는 조금 걷더라도 건물 안이나 주변 식당에서 사는 것이 값도 저렴하고 좋은 음식을 살 수 있는 비법이야. 아빠는 너희를 위해서 탄자니아 국경에 도착했을 때 잠비아까지 건너가서 식당에서 음식을 공수해 왔단다. 음료수는 대부분 물로 준비하고 탄산음료나 주스는 조금만 준비해도 돼. 충분한 수분 섭취는 피로에도 좋고 잠도 잘 잘 수 있으니 꼭 물을 자주 마셔 주는 것이 좋아. 항상 준비해야 하는 기타 음식으로는 생과일, 말린 과일, 육포, 초콜릿, 사탕, 껌 등이 있으니 미리 챙겨도 좋을 거야.

3. 중요한 소지품은 직접 챙기기

장거리 여행 시 가지고 다니는 짐은 매우 중요하니 미리 잘 정리해서 개수를 줄이고, 화물칸에 실을지 직접 가지고 탈지를 잘 결정해야 한단다. 아시아나 아프리카의 일부 나라는 버스가 거의 화물차 수준으로 짐을 많이 싣기에 어느 위치에 내 짐을 몇 개 실었는지를 정확히 기억해야 하고, 정차 시 가끔 확인해 주는 것도 나쁘지 않아. 주로 배낭은 화물칸 안쪽에 한꺼번에 넣고 노트북, 태블릿, 카메라, 스마트폰 등은 따로 직접 챙겨야 한단다. 그리고 가방은 자물쇠로 잘 잠가야 하고, 그 가방 또한 의자에 잠금 장치를 잘 해놔야 해. 장시간 이동이기에 불규칙하게 잘 수 있고 또 도중에 정차하는 정류장이 있을 수도 있기 때문에 혹시 발생할 수 있는 불상사를 미리 예방하는 차원이란다. 믿고 살아야 하겠지만, 어떤 사람들은 내 마음 같지가 않을 수도 있으니 조심하는 것이란다. 그래야 잠도 편하게 잘 수 있지.

그리고 현금이나 카드는 지갑보다는 호주머니에 넣고 다니는 것이 여러모로 안전하고 사용하기도 편하단다. 특히 현금은 미리 현지 화폐로 환전해서 작은 금액으로 바꿔서 가지고 있으면, 먹거리나 작은 것을 살 때 내가 원하는 좋은 가격으로 살 확률이 많이 높아지지.

4. 현지 사람 또는 여행객 사귀기

이동하는 버스에서 현지 사람이나 여행객과 친해질 수 있는 아주 좋은 시간이기에 일부러라도 기회를 잘 만들어야 해. 버스에서 사귀게 된 사람들은 대부분 아주 큰 도움이 된단다. 이번 장거리 여행에서는 통로 옆자리에 앉은 중년의 짐바브웨 보따리 장수 아주머니와 많은 이야기를 하면서 친해졌는데, 너희도 예뻐해 주시고 영어도 잘하고 친절해서 여행하는 동안 비자 수속 등 많은 도움을 받을 수 있었어.

우리가 탄자니아 모시에서 다르에살람으로 버스로 이동할 때도 케냐에서 사업하시는 좋은 분을 만나서, 악명 높은 도시의 터미널에 새벽에 도착했음에도 그분의 도움으로 숙소에 잘 도착한 것처럼 의도치 않게 좋은 도움을 주고받을 수 있단다. 나이로비에서 버스를 타면서 알게 된 미국인과는 친해져서 아빠가

▲ 버스가 잠시 멈춘 시간에는 먹고 또 먹고….

베테랑 가이드를 소개해 줘서 킬리만자로 트레킹을 잘하게 도와준 적도 있어.

우리가 만나는 인연이 모두 소중하지만, 특히 장거리 이동하면서 작은 버스 공간에서 수십 시간을 함께 보내면서 알고 사귄 사람들은 특별한 순간을 공유하면서 같은 방향으로 함께 가기에 더욱 소중하단다. 그리고 장거리로 지루할 수 있는 시간에 또 다른 인생을 만나고 배우는 값진 시간으로 만들 수 있기에 버스 안에서는 적극적으로 사람들과 얘기하며 소통하고 도와줘야 해.

5. 즐겁게 보내기

장거리 버스 여행에서 두세 시간 집중해서 즐겁게 놀 수 있는 것들이 많이 있단다. 가장 일반적인 것으로는 책 읽기, 영화 보기, 음악 듣기를 꼽을 수 있지. 요즘은 스마트폰과 태플릿이 좋아져서 두 가지만 있으면 많은 것들을 할 수 있어. 우리도 모바일 기기를 가지고 음악 듣기와 게임을 많이 했었지. 특히 음악 파일에 아빠가 좋아하는 노래만 많이 있어서 너희들은 〈킬리만자로의 표범〉, 〈네버엔딩스토리〉, 〈겨울비는 내리고〉 등의 노래를 좋아하게 되었지. 너희를 위한 선곡이 부족해서 미안하구나. 대신 너희들이 좋아했던 카드게임, 끝말잇기, 그리고 스무고개 게임은 아빠도 열심히 참여했다는 사실을 알아주었으면 해.

아빠는 개인적으로 차장 밖의 아프리카 시골과 도시들을 보면서 삶에 대해 많은 것을 생각했고 느낀 점을 노트북에 정리했는데, 장거리 여행의 큰 장점이 사람들이 살아가는 모습을 보면서 우리 자신을 뒤돌아보기도 하고 앞으로 어떻게 살 것인지에 대한 해답도 얻을 수 있는 것 같다. 그것을 위해 작은 녹음기를 준비해서 생각하고 느낀 점을 두서없이 바로 녹음하는 것도 아주 좋은 추억이 될 것 같구나.

6. 버스에 신체리듬 맞추기

아빠 기준으로는 장거리 이동이라고 하더라도 가능한 잠은 저녁에 자면서 기존 신체리듬에 맞추는 것이 좋을 것 같아. 하지만 생리적인 것은 몸의 신호가 아닌 버스의 시간에 맞추어야 할 것 같아. 버스가 멈추면 무조건 화장실에 가고, 식사시간이 되어 휴게소에 들르면 입맛이 없어도 적극적으로 먹어 주는 것이 여행에 도움이 된단다. 승빈이가 처음에는 잘 조절이 안 되었었는데 나중에 잘 적응해서 아빠는 마음이 한결 편해졌단다.

휴게소가 자주 없기에 사막처럼 척박한 광활한 대지의 도로에서 버스가 멈추면 많은 남자 여자가 버스에서 내려 길가 숲 속으로 모두 사라지지. 처음에는 웃기기도 했지만, 우리 삼부자도 바로 적응되어 나중에는 아빠가 도와주지 않아도 너희들이 알아서 볼일을 잘 보았던 것 기억나니? 그리고 운행 중이라도 내가 정말 힘든 상황이면 기사님에게 얘기해서 해결하면 되니 그것으로 너무 스트레스를 받을 필요는 없단다.

▲ 허허벌판의 자연화장실에서 현지 아주머니들과 함께

7. 기타

한 시간에 한 번 정도는 일어나서 온몸을 스트레칭 해 주어야 한다. 일어나기 힘들면 앉아서라도 최대한 몸의 여러 부분을 운동해 주어야 하지. 복장은 최대한 편하게 입고, 저녁에 추울 것을 대비해서 여유분의 옷과 양말을 준비하는 것이 좋단다. 만약 차가 고장이나 사고가 나면 일단 몸의 안전을 살피고는 그냥 편하게 기다리는 마음을 가지는 것이 좋아. 차가 고장 나는 것은 우리가 화장실 가고 싶은 것과 같으니 불평하지 말고 기다리면 다 해결되기 때문이지.

버스 좌석의 앞뒤 사람들에 대한 배려를 하여 불편하지 않게 하고, 필요시에는 요청하고 감사하다는 인사를 건네면 된단다. 침낭이나 안대를 챙겨서 잘 때 편하게 잘 수 있도록 하고, 좌석의 여유가 있을 경우에는 미리 최대한 확보해서 조금이나마 누워 잘 수 있는 환경을 만드는 것이 좋아. 만약 동행이 있다면 동행의 기념일이 있는지를 확인하고 축하해 주는 것도 좋지. 이번에는 승빈이 생일이 이틀째에 있어서 족발, 우설, 빵, 사과, 바나나, 사탕수수 등 풍성한 음식으로 축하해 주었고, 생일 선물로 12시간 무료게임을 하게 해 주니 몸은 힘들어도 아주 좋아라 했단다.

위와 같이 챙길 것만 미리 잘 챙기면 2박 3일도 생각보다 힘들지 않게 잘 지나갈 거야. 무엇보다 마음의 여유를 가지고 이동 시간을 의미 있게 보내려는 의지만 있으면 어려움이 없단다. 아빠도 이런 장시간 이동은 처음이었는데, 우리 모두에게 박수를 쳐 주고 싶어. 너희가 수고가 많았어. 이제 10시간 정도의 버스 이동은 그냥 웃으면서 편하게 할 수 있겠지?

 장거리 이동은 위에서 열거한 대로 준비하면 충분히 즐겁게 잘 할 수 있다.

어쨌든 시간은 흘러서 잘 도착했는데, 다음에는 아직 자신이 없어요.

앤드류와 함께한 하루

우리는 지금 잠비아 리빙스톤에 있어. 빅토리아 폭포를 보기 위해 아주 먼 길을 달려온 거지. 잠비아는 생각했던 것보다 열악하지 않고 괜찮은 듯싶어. 이곳 리빙스톤 사람들도 각자 위치에서 다양한 삶의 모습을 표출하면서 사는 것을 보니, 여느 나라나 도시와 같은 사람들의 모습이라는 생각이 드는구나. 지난 며칠 동안은 잠비아 리빙스톤에 있는 빅토리아 폭포와 짐바브웨 빅폴에 있는 폭포까지 모두 섭렵했지. 양쪽 다 특색 있고 좋았는데, 아빠는 그중에서 짐바브웨 빅폴에서 보는 폭포가 더 좋았단다.

잔지바르 섬에서 물에 빠진 핸드폰 수리를 하면서 미국인 Mariel을 알게 됐지. 미국에서 이곳까지 기독교 산하의 해외 미션 봉사 단체 소속으로 선교활동을 하러 온 아름다운 분이야. 이곳 리빙스톤에서 6년째 살고 있어서 다양한 정보를 얻고 도움도 많이 받을 수 있었단다.

마리엘의 초대로 멀리 떨어져 있는 Overland missionary의 베이스 캠프까지 택시로 향한 우리. 함께한 택시기사는 앤드류라는 젊은 현지인이야. 힘든 환경이지만 아주 열심히 살아가는 친구지. 가는 동안 그 친구와 많은 얘기를 나누었어. 리빙스톤 현지인들은 보기보다는 삶이 열악하다고 해. 그래서 대부분 고등학교를 졸업하기도 힘든 상황인데, 앤드류는 다행히 좋은 독지가의 후원을 받아 고등학교까지 졸업했다고 해. '학교를 다니면서도 다양한 일을 해야만 가족의 생계를 이어 갈 수 있는 힘든 삶을 살았다'는 이야기를 들으니 마음 한구석이 아련해지는구나.

대학에 진학해서는 엔지니어를 전공하고 싶다는데 형편이 안 되어 현재는 학비를 벌고 있는 중이란다. 장사도 하고 점원으로도 잠깐 일하는 등 이 일 저 일 할 수 있는 것은 대부분 하다가 최근에 택시를 시작했단다. 아는 사람 중고차를 빌려서 하는 것으로 계약서를 보니, 매월 지불하는 비용이 쉽지 않아 보여. 매일 4만 원 이상을 벌어야 택시를 유지할 수 있고 3년을 해야 하는 상황이었지. 오늘은 우리와 같은 장거리 손님이 있어서 괜찮지만, 매일 쉬지 않고 열심히 해야만 새로운 인생을 계획하고 희망을 이어 갈 수 있다고 하니 정말 힘들어 보이더구나. 앤드류를 평생 못 볼 수도 있지만, 원하는 대학에 들어가서 꼭 훌륭한 엔지니어가 되기를 기도해 본다.

잠베지 강가의 베이스 캠프에 잘 도착해서 환영을 받고 호텔 수준의 맛있는 음료와 점심 식사도 대접받았어. 앤드류도 함께 점심을 해서 마음이 조금 나아졌지. 캠프는 Rapid 14라는 곳에 위치해 있고 바로 밑으로는 래프팅하는 사람들이 보여. 이곳은 아프리카가 아니고 모든 것이 미국처럼 되어 있지. 새로운 여러 미국인 친구들과도 많은 얘기와 여행에 대한 조언도 듣고 놀다가 가까이에 있는 현지인들이 사는 송귀마을로 향했어. 그리고 조금 떨어진 무키니라는 마을도 둘러보았지. 기대하지 않았던 무키니 마을(Mukini village)에서 다양한 체험도 하고 잠비아 원주민들의 삶을 자세히 보며 많은 것을 느끼고 돌아올 수 있었어.

아들아, 오늘 앤드류 얘기를 듣고 너희들도 많이 느꼈을 거야. 어려운 환경 속에서 어떻게든 삶의 긍정적인 변화를 위해 노력하는 앤드류를 보니, 가슴도 뭉클해지고 응원도 해 주게 되는구나.

▶ Overland missionary의
　베이스 캠프
　(잠비아 속의 미국)

▶ 잠베지 강의 Rapid 14의
　아찔하고 멋있는 경치

　하루하루 삶이 힘들고 특히 가족까지 부양해야 하는 상황에도 희
망의 끈을 놓지 않고 미래를 위해 한 걸음씩 나아가는 모습이 너
무 멋져 보였다. 너희도 이런 상황에 놓이지 않게 하는 것이 가장
중요하겠지만, 이런 환경과 마주한다면 앤드류처럼 다양한 방법
을 찾아서 포기하지 않고 꿈을 위해 노력했으면 좋겠어.

　그리고 앤드류가 했던 것처럼 꿈과 목표가 정해지면 꼭 종이
에 기록해서 집에서 볼 수 있게 하거나 가지고 다니면서 꺼내 볼
수 있도록 하는 것이 중요하단다. 그래야 자신을 더 믿을 수 있
고 다짐도 자주하면서 원하는 방향으로 갈 수 있을 거야. 어떤
고난이나 힘듦은 반드시 끝이 있다는 것을 믿고 희망의 끝을 놓
지 말고 너희들 인생에 집중하길 바라.

 희망의 끈을 놓지 말고 너희들 인생에 집중해라!

　아빠가 앤드류 아저씨를 조금 도와주시면 안 돼요?

4. _북아메리카

Unites States of America · Canada

세계에서 가장 큰 보잉 비행기 공장

오늘은 우리 꿈 이야기를 해 볼까? 아직 어리기에 언제 꿈이 바뀔지 모르지만, 찬형이는 비행기 조종사가 되는 것이고 승빈이는 발명가가 되는 게 꿈이지? 너희들이 되고자 하는 직업이 쉽게 이루어질 수 있는 것이 아니라 조금 걱정이지만, 꿈을 갖는 것은 좋은 것이니 꿈을 실현하기 위해 앞으로 전진하기 바란다.

그래서 오늘은 아주 새로운 경험을 하려고 해. 비행기 조종사가 꿈인 찬형이가 가장 가 보고 싶어 했던 곳이기도 하지. 바로 비행기 박물관과 세상에서 제일 큰 공장인 보잉 공장을 가는 거야. 우리는 북쪽 캐나다로 이동해야 해서 남쪽에 있는 박물관을 먼저 본 후에 에버렛에 있는 공장을 보기로 했지. 옛날 보잉 공장을 개조한 박물관은 세계에서 가장 큰 개인 박물관으로 보잉사의 제조 기술과 비행기의 역사, 다양한 체험 프로그램, 수백 대의 전시 비행기까지, 볼 것과 체험할 것들로 가득하단다. 아빠에게도 여전히 비행기는 신기한 발명품이라 기대가 많이 되는구나.

햇볕도 좋고 공기도 좋으니 기분까지 덩달아 좋아지는 오늘.

먼저 외부에 전시된 비행기부터 보고 탑승해 보았어. 보잉 대표 기종인 737과 757도 타 보고, 음속으로 하늘을 가장 빠르게 비행할 수 있는 콩코드 비행기와 미국의 역대 대통령들이 탔던 에어포스원에 실제 탑승해서 내부의 시설 및 기구들도 살펴보았지. 에어포스원은 대통령이 타는 것이다 보니 특이하게 핵무기 발사 관련한 암호를 받는 코너가 따로 있고 조종사를 관리 감독하는 자리가 있었단다.

실내에는 역사관, 우주 관련한 스페이스 관, 발전 시대 별로 다양한 비행기와 전투기가 다양하게 있고 실제 탑승할 수도 있게 되어 있었어. 너희는 날 수 있는 자동차 비행기에 관심이 많았었는데, 실제 탈 수는 없어서 대신 360도 시뮬레이터를 타고 전쟁 게임을 열심히 했지. 둘 다 소질이 있는지 보통 사람들보다 2~3대씩 더 격추시키면서 회전하는 시뮬레이터 안에서 소리 지르며 즐거워했단다. 그리고 특이했던 것이 관제탑에 올라가니 실시간으로 미국 전역에 이동 중인 비행기 현황을 볼 수 있었는데, 거의 지도가 꽉 찰 정도로 많은 비행기들이 하늘을 떠다니고 있어서 놀라웠어. 비행기 사업을 할 만하다는 생각이 절로 들더구나.

점심을 먹고 서둘러 북쪽에 있는 공장으로 달린다. 도착해서 입구 주변의 약간 높은 언덕에서 비행기 공장 전체를 조망하니, 그저 대단하다는 말밖에는 다른 말이 필요 없었어. 세계에서 가

▲▲ 미국 대통령이 탔던 Air Force One, 마치 장난감 같은 비행기 – 스텔스, 자동차비행기, 전투기, 경비행기 ▼ 찬형 기장, 승빈 부기장이 이륙하다., 시애틀 보잉 비행기 공장에서

장 큰 공장을 보고 있다는 것이 믿기지 않는달까. 까다로운 규정과 절차를 거쳐 비디오 상영까지 한 후, 버스를 타고 들어갔지. 일반 공장과는 달리 큰 공항까지 갖추고 있어서 경계도 삼엄하고, 일단 들어가고 나가는 데 기본적으로 시간이 걸렸지.

우리는 737, 757 등이 제작되고 있는 공장을 먼저 방문했어. 엘리베이터를 타고 5층 높이를 올라가서 보니 한쪽에는 KAL에서 주문한 대한항공 비행기도 보이고 다른 여러 항공사에서 주문한 5대 정도의 비행기를 한꺼번에 제작 중에 있었지. 비행기 엔진은 주로 GE와 롤스로이스에서 공급받고 한 개당 약 300억 정도 하고, 비행기 한 대를 제작하는 시간은 약 2개월이 조금 더 걸리고, 일주일에 한 대씩 정도 생산한다고 해. 살아가는 동안 쉽게 하지 못하는 경험을 하니 너희들은 가는 곳마다 관심도 많고 질문도 많이 했단다. 항상 멀게만 느껴졌던 비행기들을 하루 종일 보고 듣고 체험하는 동안 한결 가까워진 느낌이 들고, 조종사도 될 수 있다는 생각이 든 것 같아 다행이야.

아들아, 꿈은 이루어진단다. 그 꿈을 향해 포기하지 않고 매일 조금씩 전진한다면, 언젠가는 가능하지. 그러나 꿈만 꾸고 노력하지 않는다면 그 꿈은 상상이나 꿈으로만 존재할 거야. 너희가 되고자 하는 꿈을 이루기 위해서는 꼭 거쳐야 하는 과정이 있고 노력을 게을리해서는 안 된다는 것을 알아야 해. 너희가 목표를 일찍 정할 수록 꿈에 가까이 갈 수 있다고 생각해. 왜냐하면 목표가 정해지면 매일 그것을 위해 노력하는 시간이 길어지기 때문이야. 오늘 이렇게 하루 종일 비행기와 관련하여 공부하고 체험하면서 꿈에 한 발짝 더 가까이 다가선 느낌은 드는구나. 아직은 어리기에 꿈이 다른 것으로 바뀔 수도 있지만, 항상 꿈을 품고 살아야 한단다. 시간이 조금 더 흘러 몇 년 후에 꿈과 삶의 방향이 정확하게 정해지고 노력한다면, 지구나 우주도 누빌 수 있고 관련된 어떤 것이라도 발명할 수 있다고 믿는다. 항상 큰 꿈을 꾸고 그 꿈을 향해 성실히 달려라! 반드시 그 꿈은 이루어진다.

 꿈은 이루어지니 도전해 보길 바랍니다. 기장님!

하하… 꼭 비행기 태워 드릴게요!

미국 3대 캐년

한국 사람뿐만이 아니라 많은 외국 사람들의 버킷 리스트 중 하나가 그랜드 캐년을 다녀오는 거라고 해. 살아 생전에 자연의 위대함을 느끼고 경험하고 싶어하는 마음은 모두 같다는 의미인 듯싶어. 우리는 이번에 브라이스 캐년, 자이언 캐년 그리고 그랜드 캐년까지 미국 3대 캐년을 둘러보기로 했지. 어떤 자연의 모습을 보게 될지 무척 기대되는구나.

기묘하게 생긴 수만 개의 섬세한 첨탑들로 이루어진 브라이스 캐년은 바닷속에서 융기된 돌기둥들이 비바람의 침식 작용으로 이렇게 아름다운 협곡이 만들어졌다고 해. '신의 정원'이라 불리는 자이언 캐년은 주로 붉은색인 형형색색의 모래바위가 신비로우면서도 장엄한 경치가 일품이지. 섬세하고 오밀조밀한 브라이스 캐년이 여성적이라면, 자이언 캐년은 굵고 거대한 것이 남성미를 훨씬 더 많이 느낄 수 있는 것 같아.

그리고는 그랜드 캐년으로 향했지. 걸어서 투어를 하기 전에 먼저 헬기를 타고 하늘에서 보기로 했어. 너희는 태어나서 처음으로 타는 헬리콥터라 긴장과 기대를 동시에 느끼며 좋아했단다. 드디어 이륙하고 10여 분을 날아가니, 보이는 것은 말로만 들었던 광활하게 펼쳐진 그랜드 캐년! 형형색색의 협곡들의 장관은 경이롭다는 말로는 표현하는 것에는 한계가 있는 것 같아. 왠지 모를 떨림과 경외감마저 느껴졌지. 오랜 시간 비바람이 빚

▲ 자연이 만든 그랜드캐년과 콜로라도 강　▼ 섬세한 아름다움의 브라이스 캐년

은 위대한 자연 건축물 앞에서 초라한 인간의 모습을 느끼고, 그간 천방지축으로 살아온 아빠를 돌이켜 보기도 했단다. 너희도 처음에는 헬기 때문에 무섭다고 하더니 위대하고 경이로운 그랜드 캐년에 취해 많이 즐거워하더구나.

우리는 이제까지 여행하면서 자연의 위대함과 웅장함을 많이 보고 경험했어. 에베레스트 산, 킬리만자로 산, 아프리카 세렝게티 초원, 빅토리아 폭포, 나이아가라 폭포, 이과수 폭포, 록키산맥, 모레노 빙하 등 자연의 웅장함에 감탄하기도 하고 숙연해지기도 하고 힘들어하기도 했지. 그런데 이곳 그랜드 캐년은 또 다른 자연의 위대함인 듯싶어. 웅장하고 거대함 앞에 자꾸만 작아지고 겸손해짐을 느끼는구나. 늘 자연에 감탄하고 그 속에서 함께하며 많은 것들을 다시 보고 배우지만, 오늘은 그 끝이 어디인지 알 수 없을 정도로 무한대의 경외감이 밀려와. 너희와 이 멋진 순간을 함께 느끼고 공유하고 있다는 것이 아빠는 많이 행복하구나.

아들아, 앞으로 힘든 일이 있거나 일이 잘 풀려서 자신감을 넘어 자만심을 느낄 때에는 오늘 지금 이 순간을 기억했으면 좋겠어. 이런 대자연을 마주하면 힘든 순간도 부질 없다고 느껴서 다시 힘을 내서 뛰어오를 수도 있고, 젊은 패기로 세상 무서운 줄 모르고 진격하던 마음이 겸손으로 어루만져져 세상의 균형을 맞출 수 있을 거야. 사진과 영상으로는 담을 수 없는 이 광활

▲ 브라이스 캐년 삼부자 점프

함을 항상 가슴에 품고 기쁠 때나 힘들 때 너희들의 중심을 잡을 수 있는 소중한 추억으로 간직하길 바라. 그리고 언젠가는 찬형이가 조정하는 헬기를 타고 다시 우리 모두 함께 이곳 그랜드 캐년을 느낄 수 있는 날을 상상해 본다. 꿈은 이루어지겠지?

 자연이 만든 경이로움 앞에서 인간의 겸손을 배우자.

대협곡도 끝내주는 경치였지만 헬리콥터 타는 것이 더 기억에 남아요.

작은 도시의 불청객

10월의 펜실베니아는 너무 아름답구나. 한국의 단풍으로 물든 산들도 아름답지만, 여기는 또 다른 멋이 있는 듯해. 펜실베니아의 태너스빌과 스트라우즈버그에서 꿈같은 가을날을 만끽

▲ 암벽 등반 동시 도전, 그 결과는?

하고 우리는 아빠의 소중한 친구를 만나기 위해 뉴욕으로 향했어. 오늘도 날씨는 환상적으로 좋구나.

가는 도중 뉴저지의 포터스 타운을 지나다가 작은 마을의 행사를 보고 호기심에 무작정 들어갔지. 행사는 Special Parents events로, 장애아를 둔 부모의 가족을 위한 것으로 친구들, 동네 사람들, 학교 그리고 교회에서 함께 준비해서 진행하는 것으로 하루를 즐겁게 보내는 프로그램이야. Give and Take 프로그램이 아닌 Give 프로그램이지. 진행하시는 분께 우리의 상황을 설명하고 우리도 도울 수 있으면 돕겠다고 했더니, 도와줄 것은 없고 그냥 참여해서 마음껏 즐기라고 해 주시더구나. 처음에 너희들은 우리와 전혀 관련이 없는 행사라 내켜 하지 않았지만, 넓은 공간에서 다양한 프로그램이 있는 것과 비슷한 또래들이 많은 것을 보고는 참여하기 시작했지.

제일 먼저 암벽등반 하는 곳에 줄을 섰어. 차례가 되어 출발은 잘했는데, 하필이면 신발이 샌들이어서 그런지 자꾸 미끄러지는 바람에 정상에 도착하지 못했단다. 세 번만의 도전 끝에 멋지게 성공하고 웃으면서 내려올 수 있었지. 너희가 제일 즐거워하고 재미있어 했던 소방관 체험도 했어. 소방차에도 올라가서 기계조작 등도 배우고 특히 20m 타깃에 불을 끄는 호스 물로 맞추는 게임도 훌륭히 잘해 냈지. 나중에 소방관이 되어도 손색이 없을 정도였어.

그밖에도 작은 동물원도 가고, 멋진 오토바이도 체험하고, 건초 트랙터 투어도 하면서 몸이 불편한 친구들을 도와주기도 하고 먼저 배려를 잘해 주어 아빠는 마음이 흐뭇해졌단다. Give를 받으면서 너희들 스스로가 Give할 줄 아는 마음이 생긴 것 같아. 행사장에 있는 다양한 먹거리와 점심도 무한 리필로 그냥 먹을 수 있어서 고맙긴 했지만, 미안해서 얼마 정도를 기부한다고 했더니 오늘은 그냥 즐기고 가라고 하더구나. 아무 연고도 없고 생김도 다른 외국인에게 이렇게 크게 베풀어 주니 아빠도 반성을 많이 하게 되고, 오늘 받은 것을 다른 사람에게 Give해야겠다는 다짐을 했어.

▲ 소방관 체험

아들아, 우리는 살아가면서 Give and Take가 적용되는 경우를
많이 접하게 돼. 친구 관계, 연인 관계, 가족 관계, 비즈니스 관
계 등 거의 모든 관계에서 원칙처럼 통용되고 있단다. 내가 얻
고자 하는 것이 있다면 상대방이 원하는 것을 먼저 들어주는 것
이지. 세상을 살아가면서 서로 주고받는 것이 기본적인 예의나
도리는 맞는 듯해. 그리고 대부분 사랑하는 관계든 업무 관계든
일방적인 관계는 없는 것 같아. 하지만 너희는 줄 때 받을 것을
계산하지 않았으면 좋겠구나. 능력이 된다면 기회가 되는 대로
주는 것이 좋을 것 같아. 오늘 우리가 아무런 관련도 없는 외국
인인데 후한 대접을 받은 것처럼 말이다.

나는 너희가 받았던 기쁨은 꼭 다른 사람에게 돌려주려는 마음으로 양보하고 배려하고 베풀고 희생하며 조건 없이 주는 사람이 되기를 바라. 최소한 다른 사람의 아픔을 웃지 말고 남모르게 도와줄 수 있는 사람이 됐으면 좋겠구나. 그렇게 Give 하면서 살게 되면 너희들 마음은 항상 따뜻하고 행복하게 살 수 있을 거란다.

 Give and Take 하지 말고 Give해라!

기부가 Give에서 나온 말이에요?

세계 최대의 테마파크, 디즈니월드

아들아, 우리는 지금 미국 올랜도에 있다. 올랜도에는 세계 최대 테마파크인 디즈니월드가 있지! 며칠은 디즈니 탐험을 하겠지만, 많은 날은 내년에 복학을 위해서 공부도 해야 한단다. 먼저 너희들이 너무 행복해했던 디즈니 월드부터 가 볼까? 혹시 이곳에 오기 전에 아빠가 미리 보여 준 유튜브 동영상 속의 미국 어린이들을 기억하니? 생일 선물로 디즈니월드를 간다고 하니 울면서 정말이냐 물으며 좋아했던 많은 어린이들이 있었지. 그만큼 미국 어린이들도 가고 싶어 하는 꿈의 디즈니월드란다.

디즈니 월드에 많은 테마파크가 있는데 우리는 매직 킹덤, 유니버설 스튜디오 그리고 워터파크에 가기로 했어. 매직 킹덤에서는 아침 일찍부터 저녁 12시까지 fast pass 기능을 잘 활용해서 쉼 없이 탈것을 많이 즐겼지. 제일 먼저 tomorrow land부터 시작해서 6개 랜드를 빠짐없이 모두 섭렵했단다. 아빠는 지치고 힘들었지만 너희는 놀이기구 간 이동 시에는 달려가는 괴력을 발휘했었지. 그리고 점심은 준비해 간 소갈비 등 한식으로 칼로리를 최대한 충전했고 말이야.

저녁 9시가 넘어서는 신데렐라 성에서 진행하는 레이저, 동영상 및 음악으로 펼치는 멋진 쇼를 보았지. 멋있고 낭만적이고 황홀한 시간이었어. 그리고 10시가 되자, 음악에 맞추어 불꽃놀이가 시작되었지. 형형색색 곱고 아름다워 눈길을 뗄 수 없었어. 모든 프로그램이 끝나고 집에 가기 전에 또 스페이스 마운틴에 가서 실컷 즐기고서야 하루를 마무리했단다.

다음 날은 유니버설 스튜디오에 갔어. 영화 산업에 관련한 다양한 전시와 공부도 하고 이곳에서도 주요 테마 별로 마련된 놀이기구를 타느라 정신이 없었단다. 먼저 엘리베이터 자이로 드롭인 할리우드 타워에 갔지. 단순한 놀이기구라기보다는 스토리텔링이 잘되어 있어서 더 스릴 있었어. 처음에는 둘 다 너무 무섭다고 소리를 지르더니 끝나고 나서는 더 타자고 하여 두 번을 더 타고 나서야 다른 곳으로 이동할 수 있었지. 360도 회전이 여러 번 들어 있는 스릴 만점인 락앤롤 롤러코스터도 타고,

▲ 매직 킹덤의 신데렐라 성   ▼ 디즈니랜드 증기선

다양한 뮤지컬도 관람했어.

특히 영화 〈인디아나 존스〉를 촬영하는 쇼와 자동차 관련 스턴트 쇼는 정말 실제 상황처럼 리얼하고 박진감이 넘치는 최고의 시간이었단다. 전체적으로 디즈니 월드는 모든 시설에 스토리와 대기하는 고객들까지 배려를 잘 해 두어서 크게 지루할 틈 없이 만족스러운 시간을 보낼 수 있었어. 그리고 다음 날은 전

세계 방문객 1위라는 태풍 라군 워터파크에서 아침 일찍부터 저녁까지 모든 에너지를 쏟아붓고 나서야 디즈니월드를 끝냈지. 지치고 힘들기는 하지만, 재미있는 시간이었어. 아들아, 이제는 만족하니?

이제는 원 없이 놀았으니 공부 이야기를 해 볼까? 너희들이 아직은 인정하지 못하는 말인 '세상에서 공부가 제일 쉽다.'와 '꼴등도 괜찮지만 빵점은 안 된다.'에 대해 얘기하고 싶어. 물론 지금은 공부가 재미없고 가장 어렵고 힘들게 느껴지겠지만, 나중에는 공부가 제일 편하고 쉽다는 것을 느낄 날이 올 거야. 특히 너희가 성인이 되어 아르바이트를 하거나 직장 생활을 하면서 업무와 인간관계에서 힘든 경험을 하게 되면, 공부는 쉽고 행복한 것이라는 것을 느낄 거란다.

아빠 시절에는 공부 잘해서 대학교 나오면 어느 정도 살아갈 수는 있었단다. 하지만 지금은 어떨까? 대학교는 많고 졸업하는 학생 수도 많은데 졸업 후에 취직할 수 있는 회사는 제한적이다 보니, 힘든 10대를 보낸 사람들이 20대에는 길을 잃고 방황하며 힘들게 생활하고 있는 거란다. 그렇다고 해서 아빠가 공부를 할 필요가 없다고 말하는 건 아니야. 당연히 너희는 학생이고 많이 배워야 하는 시기이기에 공부를 해야 한단다.

1등과 최고의 대학만을 위해 공부하기보다는 학교와 공부는 삶을 살아가는 데 있어서 꼭 필요한 과정으로 잘 이해를 했으면

해. 그렇게 온전히 받아들인 상태에서 조금 더 넓게 보고 너희들 자신의 능력도 알아 가면서 '어떻게 하면 잘 살 수 있을 것인가'에 대해서 조금 더 고민하는 시간을 가졌으면 좋겠어. 그 고민에서 해답을 찾는다면 너희들 인생은 즐겁게 살 수 있을 거야. 당장 배우는 수학과 과학이 삶에 직접적인 관련이 없어 보일 수는 있지만, 그 작은 지식과 경험들이 모여서 너희의 생활 언어가 되고 인격이 되는 거란다.

우리는 지금 평생 간직할 수 있는 소중한 시간을 함께 잘 보내고 있단다. 너희들 친구는 학교에서 공부를 열심히 하면서 미래를 준비하고 있고, 우리는 세계 여행을 하면서 세상 공부를 하고 있지. 공부라는 큰 범주에서는 같은 공부를 하고 있는 거라고 할 수 있어. 그리고 너희는 유럽부터 조금씩 내년에 있을 각자 학년 진급시험을 위해서 공부를 하고 있다. 이곳 플로리다 올랜도에서는 스케줄의 여유가 있어서 며칠 동안은 디즈니월드를 원 없이 즐긴 후에 다른 나라보다 더 많은 날을 공부하고 있지. 주로 너희들이 알아서 진도를 나가고 어려운 부분을 질문하면 아빠가 도와주는 방식으로 하고 있단다. 목표는 함께 논의해서 결정했고, 계획과 실천은 너희들이 주도적으로 하고 있지. 결과도 너희 책임이란다. 시험에 통과하지 못하면 1년 후배와 함께 1년을 더 다녀야 하는 것을 받아들여야 하지. 그러한 필요성을 잘 알지만 여행하면서 하는 공부라 많이 적응이 힘들 거야. 하지만 지금 이 시기에 꼭 해야 되는 것인 만큼 긍정적으로 생각하고 열심히 했으면 좋겠어.

지금 하는 공부는 1등을 위한 공부가 아니고 기본적인 사고와 논리를 키우는 과정이라 생각해. 그래서 너희들이 70% 이상만 이해한다면 학교로 돌아가서 꼴등을 해도 아빠는 괜찮단다. 여행 전에도 아빠가 항상 했던 말이 있는데, 잘 기억하고 있지? "꼴등도 괜찮다. 하지만 빵점은 안 된다!" 찬형이가 연속적으로 2번이나 빵점 시험지를 가져왔을 때 아빠가 심각하게 조언했던 말 기억하니? 학교 수업시간에 내용을 이해 못해서 소외되기 시작하면 학교생활이 재미 없어지고 다른 재미만 찾다 보면 평생 정상적인 보통 삶으로 돌아가는 것은 아주 힘들어질 수 있기 때문이란다. 그리고 혹시라도 언젠가 너희들이 장래 목표를 결정하고 공부를 다시 열심히 하고자 할 때도 어렵지 않게 시작할 수 있기 때문이라는 것을 명심했으면 좋겠다.

더 쉽게 예를 들어 보자! 너희가 살면서 갑자기 4층 빌딩을 짓고 싶은데 3층부터 지을 수 있을까? 무조건 1층부터 시작해야겠지? 초등학교의 기본 지식인 1층이 있어야 2층의 중학교도 가능하고 그 후로 3~4층의 고등학교와 대학교도 가능한 거야. 이처럼 최소한의 기초는 있어야 하기에 빵점은 안 되고 70% 이상의 이해는 있어야 하는 거란다.

아들아, 앞으로는 공부를 엄마 아빠라 생각해라! 너와 내가 떨어질 수 없는 그런 관계이듯이 우리의 삶도 공부와는 별개로 떨어져서 살 수는 없으니, 공부라는 친구를 평생 함께해야 될 존재로 생각하고 사랑해 주면 어떨까?

 놀 때는 노는 것에 최선을 다하고, 공부할 때는 공부에 최선을 다해라. 그리고 꼴등도 괜찮다. 하지만 빵점은 안 된다!

1등 하라고 말씀 안 하셔서 감사하죠!

밴프 스프링힐스에서 사고 치다

오늘 우리가 있는 곳은 캐나다 밴프. 캐나다 최초의 국립공원으로 로키 산맥의 동쪽 가장자리에 있지. 이곳에 오기 전에는 로키 산맥 트레킹을 하려고 했으나 일정, 체력, 복장 등 여러 가지로 밴프 주변 미니 트레킹만 하기로 결정했어.

존스톤 협곡 트레킹을 하려 했으나 공사로 입산 금지라 하여 Lake Louise로 향한 우리. 어제 본 에메랄드 호수도 예쁘고 좋았는데, 루이스 호수는 더 아름답고 멋있었어. 루이스 호수는 눈과 얼음이 덮인 빅토리아 빙하산을 배경으로 푸른빛과 초록빛이 영롱하고도 맑은 아름다움을 자아냈지. 에메랄드 호수에서 약속한 카누를 루이즈에서 탔어. 노 젓는 것도 힘들고 추워서 아빠는 힘들었는데, 너희는 노래도 부르고 장난치면서 잘 놀았지. 평화로움과 아름다움에 빠지다 보니 이곳에서 편안하게 쉬고 싶다는 생각이 드는구나.

다시 밴프로 돌아와서 곤돌라를 타고 설퍼산으로 올랐어. 사방을 둘러싼 눈 덮인 고봉에 둘러싸인 아늑한 분위기가 알프스

▲ 에메랄드호수의 신혼부부　▼ 페어몬트 샤토에서 본 Lake Louise

와 비슷한 느낌이야. 경치는 끝내주는데 여기도 역시 너무 춥구나. 우리의 세계 여행 루트를 모두 여름으로 계획하다 보니 따뜻한 겉옷을 준비 못한 아빠의 불찰이다. 우리들 복장으로 곤돌라를 타지 않고 트레킹으로 올라갔으면, 아마 추워서 엄청 힘들었을 것 같아. 산이 비록 높지는 않으나 북쪽이라 그런지 2천 미터급 산인데도 눈이 많이 쌓여 있더구나. 너희는 너무 춥다고 그냥 내려가자고 재촉했단다. 하지만 무엇보다 정상에서 바라보는 로키 산들은 모든 것을 잊게 하고 탄성을 자아내게 했지. 캐나다의 자연은 웅장하면서도 아름다웠어. 그리고 밴프 시내에 있는 스프링스 골프장도 여유롭고 멋지게 보였지. 눈 덮인 로키 산을 바라보며 라운딩이 하고 싶어지는구나.

춥고 힘들어서 내려오자마자 바로 옆의 hot springs에 들러서 온천을 했어. 39도의 따뜻한 야외 온천 물에 몸을 담그니, 피로도 풀리고 얼었던 몸도 녹는 것 같아 좋았단다. 오랜만에 뜨거운 물에 편하게 온천을 즐긴 다음에는 경치를 구경하러 기대하던 스프링스 골프장으로 향했지.

웅장하고 멋있는 페어몬트 밴프 스프링스 호텔을 지나 골프장으로 가는 길. '나중에 언젠가 다시 온다면 저런 호텔이나 루이스 호수에 있는 페어몬트 샤또 레이크 루이스 호텔에서 머물 수 있을까?' 생각하는 사이, 보우 강과 골프장 여러 홀들을 지나 클럽하우스에 도착했지. 그런데 오늘과 내일까지 이미 예약이 완료되어 빈 시간이 없고 비용도 300불 정도로 비싸서 포기하고, 매니저에게 얘기해서 골프장만 구경하기로 했단다. 그렇게 구경하면서 카트에 타는 모습을 사진으로 찍다가 그만 사고가 나고 말았어. 승빈이가 사진을 찍는 도중에 카트의 엑셀을 밟아서 앞 카트를 들이받은 거야! 다행히 카트에 사람이 타고 있지 않아서 인명 사고는 일어나지 않았고, 대신 카트가 긁히는 정도의 사고였지. 매니저에게 상황을 설명하고 정중히 사과하니, 잠시 고민하는 듯하더니 고맙게도 그냥 괜찮다고 이해해 주었지. 손해배상을 해야 했다면 승빈이는 이곳 골프장에서 일할 뻔했는데 천만다행이구나.

아들아, 아직 너희들이 어리다는 것은 이해하지만, 그렇다고 아주 어린애도 아니고 충분히 상황 판단이 가능하고 대처가 가능한 10대라는 것을 인식했으면 좋겠어. 아빠는 너희를 믿고 또

▲ 카트 추돌하는 사고 나기 10초 전

래보다 일찍 경험에 비중을 두고 카트와 오토바이는 어떻게 운전하는지 알려 주었고 실제 연습도 했는데, 오늘 같은 실수는 안타깝구나. 이제부터는 모든 기계나 커터 칼 같은 도구도 절대 장난감으로 간단하게 생각하면 안 된단다. 작은 실수가 아주 큰 사고로 이어지기 때문이지. 특히 너희들의 작은 실수가 다른 사람을 다치게 하는 피해도 줄 수 있기에 더욱 조심해야 해. 그래서 전자제품이든 동력기계든 처음 사용할 때나 필요시에는 설명서를 꼭 잘 숙지한 후에 사용해야 하는 거란다. 특히 안전과 관련해서는 매뉴얼을 잘 숙지해야 큰 사고를 미연에 방지할 수 있지. 빨리 먼저 실험해 보고자 하는 마음을 줄이고, 무엇인가 새로운 것을 배우거나 시도할 때는 차분하게 공부하고 연습하는 습관을 들인다면 오늘과 같은 실수는 하지 않을 거야. 아빠도 모든 상황에서 조금 더 신경 써서 이런 일이 일어나지 않도록 주의할게!

 항상 사용설명서(manual)를 숙지해라.

기계는 항상 조심이 다룰게요.

5. _남아메리카

Colombia · Ecuador · Peru · Bolivia · Argentina

콜롬비아 Colombia ____

소 울음소리

우리는 콜롬비아의 수도인 보고타에서 남미 여행을 시작했어. 많은 사람들이 콜롬비아는 아주 위험하니 절대 가지 말라고 해서 고민하다가 '어차피 똑같은 사람이 사는 나라인데 죽기밖에 더하겠어?'라는 생각으로 일단 왔지. 공항에서 짐을 찾고, 환전을 하고, 택시를 타려고 알아볼 때도 현지 사람들은 모두 친절하게 잘 대해 줘서 무섭다는 경계를 부드럽게 풀 수 있었단다. 호텔 픽업서비스가 비싸서 공항에서 일반 택시를 탔는데, 아빠는 스페인어를 거의 못하고 택시 기사는 영어를 전혀 못해서 호텔에 가는 동안 편치 못한 침묵만 흘렀지만, 다행히도 문제 없이 잘 도착했어.

늦은 밤에 도착해서인지 저녁을 먹을 수 있는 식당이 없어서 주변 할인매장 Exito로 향했어. 일단 물과 계란과 현지 스낵은 큰 어려움 없이 카트에 넣었는데, 육류를 사려는데 도통 위치를 찾을 수가 없었지. 아래는 아빠는 영어로, 점원은 스페인어로 대화한 내용이야.

"잠깐만요, 고기가 어디쯤에 있어요?"

"무슨 말인지 알아들을 수가 없네요!"

점원은 말이 통하지 않자 난감한 표정을 짓더구나.

"소고기는 어디쯤에 있어요?"

"미안해요, 뭐라고 하는 거죠?"

"음~~매! 음~매!"

아빠는 소의 자세를 잡으며 소 울음소리를 냈어. 그때 찬형이 네가 아빠를 보면서 그랬지.

"아빠! 지금 송아지 흉내 내는 거예요?"

"응, 미안 아빠가 스페인어 기본 단어와 숫자를 아직 숙지하지 못해서…."

그제야 여자 점원은 무슨 말인지 이해하고 활짝 웃으면서 아빠가 했던 것처럼 "음~매! 음~매!" 하고는 우리를 정육코너로 안내해 주고 소고기와 돼지고기를 표정으로 구분해서 알려 주었단다. 그 여점원과 너희에게 창피하기는 했지만, 무슨 방법을 쓰든 일단 사고자 하는 것을 살 수 있으니 아빠는 만족했단다. 창피하다고 너희들 밥을 굶길 수는 없는 일이니까.

아들아, 궁하면 통한다는 말을 알고 있니? 아무리 어려운 상황에 처하더라도 살아 나갈 방법이 있다는 말이란다. 아빠가 새로운 나라에 갈 때면 그 나라의 기본적인 숫자와 중요 단어는 항상 공부를 했었는데, 이번에는 바빠서 그만 깜빡했지, 뭐야. 그래서 공항에서부터 환전하고 택시를 탈 때도 사실 힘들었단다.

힘든 상황이고 약간 창피하다고 해서 포기해서는 안 돼. 손짓 발짓을 해서 위기를 모면하거나 아니면 대부분 누군가의 도움을 받거나 그것도 아니면 운에 의해서라도 꼭 해결할 수 있을 거란다. 그리고 그런 상황일지라도 가격 협상은 포기하지 말고 더 강하게 밀어부쳐야 한단다.

아빠의 경험으로 미루어 보면, 학교생활을 하거나 직장 생활을 하면서 한계상황과 마주하게 되는 경우가 있는데 그 순간을 회피하지 않고 몰입하여 최선을 다하면 정말 신기하게도 최악의 상황은 면하게 됐던 것 같아. 스스로 노력도 하고 오늘과 같은 경험이 쌓이다 보면 어떠한 어려운 상황에도 두려워하기보다는 무한 긍정적인 마음으로 해결해 나갈 수 있을 거야. 궁하면 다 통한단다.

 궁하면 통한다.
아빠, 그래도 동물 울음소리와 흉내는 조금 웃기네요.

푼토 버거 하나로 사랑에 빠지다

시차 때문에 우리는 아침 일찍부터 일어나서 호텔 조식을 먹었어. 식당은 작지만 따뜻한 음식 및 즉석음식까지 있어서 모처럼 만족스러운 아침을 해결하고는 보고타를 즐기기 위해 밖으로 나섰지. 많은 사람들이 위험하다고 절대 가지 말라던 곳이 이곳 보고타야. 그런데 사람들도 친절하고 착한데다 특히 날씨가 따뜻하니 더없이 좋구나. 우리나라 지하철과 시스템이 유사한 특이한 굴절버스인 트랜스 밀레니오를 타고 보고타의 여기저기를 돌아다녔어. 많은 사람들이 타서 정신 없고 힘들었지만, 콜롬비아 사람들의 사는 모습을 볼 수 있어서 나름 즐기면서 다녔단다.

볼리바르 광장에서는 비둘기떼 들로 힘든 경험을 하고, 칸델라리아 역사지구에 있는 박물관 투어를 했지. 콜롬비아의 영웅이라고 하는 보테로 미술관에 가서 유명한 뚱뚱한 모나리자 등 보테로의 재미있고 다양한 작품을 보며 발상의 전환이 가져다주는 기쁨도 함께했단다. 이제까지 다녔던 미술관과 박물관 중 가장 여유롭게 그림을 즐기면서 보낸 듯해. 황금박물관에서는 40kg짜리 순금도 구경하고 얼마일지 갑론을박도 해 보았지. 화폐박물관에도 들르며 역사지구의 이곳저곳을 다니다 보고타의 전경을 보기 위해 몬세라토 산으로 발길을 옮겼어. 가는 길에 식사를 위해 현지 사람들과 가게에 맛집을 수소문하기 시작했지.

아들아, 어느 곳에서든 배고프거나 맛있는 식당을 가고 싶다면 현지인들에게 직접 물어보는 것이 실패를 낮추는 가장 좋은 방법이란다. 트립 어드바이저나 구글맵 등 온라인 어플을 통해서도 평점과 리뷰를 보고 어느 식당으로 갈지 결정할 수도 있지

▲ 몬세라토에서 본 보고타

▲ 푼토버거 현지 맛집

만, 바로 근처에 사는 현지인들에게 확인하는 것이 확실하고 편
리한 방법이야. 특히 그 식당에 갔을 때 입장을 기다리는 줄이
길다면 현지 맛집이 확실해!

　보고타 역사지구를 구경하다가 배가 고파서 여기저기 수소문
하다 찾은 맛집 푼토버거! 처음에는 사람들이 잘못 알려 줬나 싶
을 정도로 허름해 보여 그냥 그런 집으로 생각했는데, 가까이 갈
수록 대박집이라는 것을 알 수 있었지. 2층으로 된 현지 햄버거
집인데 중고생, 대학생을 비롯해 일반인들까지, 그야말로 북새

통이 따로 없었단다. 복잡해 보이지만 분업이 나름 잘 이루어져 있어서 테이블 회전도 잘되어 우리는 비교적 오래 기다리지 않고 주문을 할 수 있었지. 햄버거 속에 특이하게 시리얼과 비슷한 것 등 다양한 재료로 아주 크게 직접 만들어 주고 가격도 3불이 채 안 되어 배고픈 삼부자에게는 최고의 한 끼 메뉴였단다. 심지어 너희는 맛있다고 한 개씩 더 먹자고까지 했지. 맛있게 배부르게 먹고 몬세라토 산에 올라가서는 보고타의 멋진 시내구경도 하고, 꼭대기에 있는 몬세라토 성당에서 기도도 하고 수학여행 온 현지 중고등학생과 놀기도 하면서 내려올 수 있었어.

모두가 위험하다고 가지 말라고 한 나라인데 이렇게 서로 부대끼면서 돌아다녀보니 너무나 좋구나. 사람 사는 냄새도 나고 서로 자리 양보해 주고, 우리가 길 헤매면 의사소통도 안 되는데 열심히 알려 주시는 아주머니도 있어서 좋았어. 특히 푼토 버거에서의 한 끼 식사로 보고타는 모든 것이 좋은 도시로 기억에 남았단다.

현지인 추천 맛집으로 가면 실패는 없다.
말이 통하지 않아도 무조건 물어봐라!

그런 것 같네요.
오늘 현지 버거 때문에 충분히 행복해요!

오랫동안 함께한 DSLR 카메라

액티비티의 천국이라고 하는 에콰도르 바뇨스에서 우리는 마음껏 놀고, 새로운 놀이를 위해 서핑의 천국인 몬타니타로 출발! 바뇨스에서 과야킬까지 7시간 동안 버스를 탄 후 다시 몬타니타로 3시간 정도 버스로 이동을 하는 장거리 이동이야. 저녁 11시에 출발하여 버스에서 자면서 이동하는 구간이지. 그런데 과야킬에서 내려서 짐을 확인해 보니, 우리의 소중한 동반자였던 캐논 DSLR카메라가 사라지고 없다! 여행을 시작할 때부터 많은 사람들이 큰 카메라는 위험하다고 해서 나름 관리를 잘해왔고, 버스에서도 가방을 발과 좌석에 잠금 장치를 해 두었는데도 잃어버리다니…. 무척 허탈하구나.

버스 및 터미널 관계자에게 문의하니, 그런 경우가 많아서 경찰에 신고를 해도 찾기가 어렵다고 하더구나. 그나마 다행인 것은 노트북, 고프로, 태블릿 등은 그대로 있고 무겁고 큰 카메라만 사라졌다는 것이지. 거의 9개월 동안 무거워도 잘 가지고 다니고 우리들과 추억을 함께해서인지 아쉬움이 무척 커. 열심히

▲ 바뇨스에서 같은 또래와 즐거운 시간

찾아보고 분주하게 방법을 찾아본 몇 십 분이 지나자, 바로 평
온이 찾아오더구나. 이솝 우화의 여우의 신포도 이야기처럼 자
기 합리화를 하기 시작한 거지.

　사실 아빠에게는 무거운 카메라여서 이동하는 것도 힘들고 사
진 찍는 것도 힘들었는데 잃어버려서 가볍고 홀가분하니 좋다는
생각을 한 거야. 이제까지 거의 매일 또는 도시별로 사진을 노
트북과 외장하드에 저장을 해두었기에 잃어버린 사진들은 바뇨

▲ 집라인 타기

스 며칠치 정도라 아주 치명적인 추억의 손실이 없는 것도 자기 합리화를 쉽게 만들었어. 그리고 사진은 핸드폰이나 고프로로 찍을 수 있는 대안도 있으니, 더 신포도 이야기처럼 자기 위안을 하게 되는구나.

아들아, 우리는 살아가면서 예상치 못한 많은 힘든 일과 맞이하게 된단다. 좋은 일이야 그냥 즐기고 기뻐하면 그만이지만, 오늘처럼 고급 카메라를 잃어버리거나 지갑을 분실하면 마음이 많이 힘들지. 그때는 당장은 최선을 다해서 찾거나 향후 대책을 바로 세우는 데 집중을 하고, 이미 벌어진 일에 대해서는 빨리 잊는 것이 좋아. 오히려 '무거워서 힘들었는데 가벼워지니 좋다'처럼 초 긍정적인 생각을 하는 편이 좋단다. 이미 지나간 일이고 특히 이번처럼 말도 잘 통하지 않는 타국에서 더 이상 어떻게 할 방법이 없다면, 거기에 목매지 말고 차라리 깨끗하게 포기하는 법도 좋은 방법이지. 잃어버린 것의 가치와 그 안에 있는 사진들에 연연하여 힘들어하고 자책만 하다 보면 당장 지금 이후의 일정에 부정적인 영향을 미칠 게 확실하기 때문이야.

하지만 한 가지 명심할 것이 있어. 이솝 우화의 여우가 그랬던 것처럼, 최선을 다해 포도를 따 먹어 보려고 애쓴 후에 신포도일 거라고 포기해야 한다는 점이지. 만약 해 보지도 않고 처음부터 '신포도일 거야.'라고 포기한다면 결국에는 그것이 습관이 되어 일상 생활에서 제대로 할 수 있는 일이 하나도 없을 수가 있단다. 어떤 어려운 상황이 발생한다면 힘들어하고 자책하는 순간은 최대한 줄이고 해결책부터 빨리 찾은 후 잊어버리면 되고, 대신 그런 일이 자주 발생하지 않도록 준비하고 습관화하는 노력이 필요해. 그리고 어떤 힘든 일이 발생했을 때는 남의 탓을 하기보다는 우리들 스스로 책임을 느끼고 주도적으로 조치를 취해야 한단다.

 여우의 신포도처럼 자기합리화해라.
어쩔 수 없는 것은 빨리 잊는 게 상책이다.

너무 아까워요!

몬타니타의 서핑

이번 세계 여행을 한 여러 곳 중에서 아빠가 제일 좋아한 장소이고 다시 또 오고 싶은 첫 번째 장소가 바로 이곳, 에콰도르 몬타니타다. 너희도 좋아하기는 하지만, 아마 너희들 우선순위에서 미국 디즈니 월드를 이길 수는 없을 것 같구나. 원래 일정에는 포함되지 않고 지친 심신을 쉬어 주고자 오게 된 태평양 연안의 작은 마을. 순하고 마음씨 좋은 남미 사람들을 만날 수 있고 매일 물놀이, 특히 서핑의 천국으로 파도가 너무나 좋구나. 화려하지 않지만 편안하고 부엌도 거의 전세 낸 것처럼 마음대로 이용할 수 있는 게스트하우스를, 예약한 것보다 저렴하게 보낼 수 있었지. 그리고는 매일 일어나서 수영하고 서핑하며 우린 얼굴과 온몸이 까맣게 되어 거의 남미 현지인으로 변해 갔단다.

서핑은 강습 후 이튿날부터 파도 위에 서면서 조금씩 서핑의 맛을 느끼기 시작하지. 서핑에서도 인생의 기다림을 배운단다. 아무 파도나 타지 않고 좋은 파도가 올 때까지 몇 번이고 기다려야 하기 때문이지. 처음에는 모든 파도를 타기 위해 급하게 시도하느라 많이 힘들어. 그러다가 파도도 선택하기 시작하면서는 여유도 생기고 보드가 파도에 실린 느낌이 들면 급하게 서지 않아도 충분하다는 것도 깨달으면서 바다와 파도와 조금은 하나가 되어 가는 느낌이 들지. 지치고 힘들어도 수영과 서핑으로 매일매일 너무 행복한 시간을 보냈단다.

서핑을 하다 점심때가 되어 마을로 서핑보드를 들고 식사를 하러 갔지. 맛이 괜찮았던 Tiki limbo라는 곳으로 가서 맛있게 폭풍 흡입을 했어. 그런데 이런! 아침에 바로 바다로 가서 현금이나 카드가 하나도 없는 거야! 그래서 매니저를 설득 및 애걸

▲▲ 모래사장에서 스파르타식 서핑 연습
▼ 서핑 후 모래찜질, 매일 외상으로 먹었던 레스토랑

하여 저녁에 주기로 하고 외상으로 식사를 해야 했지. 처음에는 황당해했으나 상황을 잘 설명하고 부탁하니, 다행히도 원하는 대로 해 주었어. 아빠 혼자였다면 불가능했을 텐데 아마도 어린 너희들과 함께한 덕분이라는 생각이 들어. 그날 이후로 일주일 동안 점심은 거의 티키 림보에서 외상으로 먹었지. 그리고 매니저와 잘 얘기해서 가성비가 좋은 조식 메뉴를 점심에도 먹을 수 있는 특전도 누렸단다.

아들아, 세상을 살아가면서 외상 거래하는 것은 절대 바람직한 일은 아니지만, 상황적으로 잘 활용하면 곤란한 상황도 헤쳐 나갈 수 있고 덤으로 좋은 인연도 만들 수 있도 있단다. 외상은 대출과 마찬가지이고, 카드의 할부도 똑같은 개념의 빚이기에 가능하면 하지 않는 것이 좋지. 하지만 우리가 이곳 몬타니타에서 운 좋게 외상으로 식사를 한 것처럼 가끔은 잘 활용한다

면 우리의 소중한 시간을 효율적으로 잘 사용할 수 있단다. 우리는 바다에서 숙소로 돌아가는 불편함 없이 그냥 식사 후 레스토랑에서 쉬다가 다시 서핑을 열심히 배우면서 즐길 수 있었지. 그리고 외상을 이끌어 낼 수 있는 자신감과 상황판단력은 너희가 일상생활에서 하는 많은 경험들을 바탕으로 생길 수 있으니, 늘 경험에 적극적이기를 바란다. 그리고 명심할 것은 외상도 남의 돈을 빌린 것과 같은 것이기에 약속은 꼭 지켜야 한다는 점이야. 약속을 지킬 수 없다면 우리 몸이 힘든 것을 택하거나 아예 먹지 말아야 한단다.

너희들이 고등학생이나 대학생이 되면 꼭 한 번 다시 가서 서핑을 즐기고 싶구나! 그런 날이 오겠지?

 필요시에는 적극적으로 외상을 잘 활용해도 좋다.

이런 외상 거래가 가능하네요! 처음 봤어요!

28
페루 Peru ____

잉카의 고대 공중도시에 서다

드디어 그동안 항상 사진으로만 동경해 왔던 마추픽추에 가는
날. 잉카제국의 수도였던 쿠스코에서 북서쪽 정글의 산꼭대기
에 있는 마추픽추 산과 와이나픽추 산 정상의 사이에 있는 '공중
의 도시'라 불리는 곳이다. '마추픽추'는 날카로운 산들과 깎아지
른 절벽에 둘러싸여 발견될 때까지는 숲과 나무에 가려 아래 마
을에서는 이 도시의 존재를 상상조차 할 수 없어 아무도 그 존재
를 몰랐고, 공중에서만 볼 수 있다고 해서 붙여진 이름이란다.

마추픽추를 가기 위해서는 쿠스코에 들러야 하지. 그런데 도
시 해발이 3,400m란다. 킬리만자로 트레킹을 하면서 지겹도록
겪었던 고산병이 이곳 쿠스코에서 또 재발한 거야. 너희보다는
아빠가 치통과 함께 더 힘들어한 듯싶어. 잉카레일을 알아보러
다니다가 진실함과 웃는 얼굴로 시원하게 영업하는 파비안에게
끌려 모든 일정을 좋은 조건으로 예약을 완료했지. 투어 사무실
에서도 아빠가 언급했듯이 영업을 하려면 파비안처럼 자신감과
진실함을 기본으로 부드러우면서도 가끔은 유머를 곁들인다면

분명히 성공하기에 잘 배워 두었으면 좋겠구나.

원래는 트레킹으로 마추픽추를 가려 했지만, 시간과 체력의 문제로 잉카레일을 타고 가기로 했어. 거리와 시간도 짧은데 가격은 110달러로 페루 물가 대비 아주 높았지. 그러나 비수기임에도 거의 모든 기차가 만석이란다. 음료와 스낵도 먹으면서 여유롭게 페루의 시골마을을 즐겼어. 주변 경관이 아름답고 예뻤지. 이윽고 마추픽추의 아랫마을에 도착하니, 고도가 2,300m 정도로 낮아져 한결 기분이 나아지는구나. 숨을 편하게 쉬니 정신도 들고 살 것 같다.

다음 날 비 예보가 있어서 조금이라도 일찍 올라가 태양을 더 기다리려는 마음으로 이른 잠을 자고 4시 30분에 일어났어. 빵으로 간단히 아침을 챙겨 먹고 마추픽추에 올라가는 버스에 몸을 싣는다. 비가 오기 시작했지만 부지런한 관광객들로 새벽부터 인산인해를 이루고 있었어. 비가 와서 조금 늦게 가이드와 합류해서 마추픽추로 향했지. 그런데 날씨가 안개구름과 안개비로 좋지 않구나. 평생에 한 번 올까 말까 하는 여행인데 제대로 된 마추픽추를 보지 못할까 봐 너희는 안절부절못했었지.

아들아, 날씨가 흐리다고 슬퍼하거나 좌절하지 말아라. 날씨가 하루 종일 지속되는 경우는 거의 없단다. 그리고 아침에 특히 비가 오면 반드시 개기 마련이란다. 태양은 언제든지 다시 나타나니 차분하게 기다리면 될 거야.

우리들의 인생도 날씨와 같단다. 인생의 오르막 내리막이 있다는 말 들었지? 어떤 인생도 한쪽 방향으로만 흐르는 것은 없단다. 힘들 때가 있으면 좋을 때가 있고, 또 기쁠 때가 있으면 슬플 때가 있는 거지. 그것이 자연의 이치이고 우리들 인생이란다. 그래서 혹시라도 힘들더라도 포기하거나 좌절하지 말고 조금만 참고 기다리면 다시 해가 뜨는 것처럼 힘든 일은 지나가고 좋은 날이 올 거야.

자연의 이치대로 2시간 30분 정도를 구름과 안개에 덮인 와이나픽추와 마추픽추의 절경을 보고나니 드디어 기다림의 보람으로 마추픽추가 모습을 드러냈어. 환상적인 위치에 놓인 천혜의 요새가 눈앞에 나타난 거지. 1,500여 년 전에 잉카인들이 만든 해발 2,400미터 고도에 테라스 형식의 밭, 신전, 학교, 광장 등이 한눈에 들어왔어. 하나의 작은 나라라고 해도 손색이 없을 정도로 잘 꾸며진 듯싶더구나. 운무에 가려서 애타게 한 후에 보여져서인지 갑작스레 다가온 감동이 훨씬 크게 느껴졌어. 너희도 감탄사를 연발하며 아이패드에 사진을 담느라 정신이 없었단다.

누가 어떻게 왜 이곳에 이렇게 높은 곳에 저런 돌의 도시를 건설한 걸까? 신기할 따름이고 불가사의라는 생각이 드는구나. 모든 것이 대단하다는 생각밖에 들지 않아. 현존하는 7대 불가사의라고 하는 로마 콜로세움, 피사의 사탑, 성소피아 성당, 만리장성을 보아도 그냥 그랬는데, 피라미드와 함께 마추픽추는 정말 불가사의라는 생각으로 고개를 젓게 만들었단다.

다행히 날씨가 좋아져서 가이드를 따라 제대로 된 투어도 하

▲ 고대 공중도시 마추픽추

▲ 삼부자, 드디어 마추픽추에 서다!

고 여기저기서 사진도 찍는데, 한 무리의 남미 사람들이 너희들에게 우르르 몰려왔어. 너희들이 예쁘고 귀여워서 사진 찍자고 했지. 처음에는 몇 명에 불과했는데 갈수록 사람들이 늘어나더구나. 한류가 남미까지 있는 것 같아 기분이 좋았다. 너희들이 연예인이 된 것 같은 기분이었어. 너희들과 사진 찍기 위해 줄을 서서 기다리는 모습이 너무 낯설면서도, 한편으로는 기분이 나쁘지 않았단다. 조금 힘든 경험이었지만 그래도 아주 기분 좋은 경험을 하며 최고의 마추픽추 여행을 마무리할 수 있었지.

오늘 경험한 것처럼 날씨가 흐리다고 좌절하거나 불평하지 않았으면 좋겠어. 그냥 차분히 기다리면 태양은 다시 뜨기 마련이라는 것을 잘 배웠으리라 본다. 그리고 우리가 새벽 일찍 나섰던 것처럼 일찍 일어나서 시작하면 더 많은 기회가 주어진다는 것도 가슴 깊이 새겼으면 좋겠구나.

 흐리다고 좌절하지 마라. 태양은 바로 다시 뜬다.

정말 신기하게 비도 멈추고 안개도 사라지고 해가 떴어요!

버스 대신 비행기로

'시간은 금이다'라는 말 들어 봤지? 우리가 매일 살아가고 있는 지금 이 순간 이 시간은 아주 소중한 가치가 있다는 의미란다. 각 나라의 대통령들과 점심을 함께하는 가격이 40억인 워런 버핏에게만 시간이 금일까? 대통령이든 최고 부자든 노숙자든 상관없이 우리 모두에게 시간은 돈이란다. 지구상의 모든 개개인에게 하루는 24시간이 똑같이 주어지지. 그러나 어떻게 사용하느냐에 따라 1시간이 10분이 될 수도 있고 10시간의 가치를 가질 수도 있단다. 상황마다 판단이 다르지만, 어떤 경우에는 시간을 아끼는 것이 돈을 아끼는 것보다 훨씬 중요한 경우가 있지. 그래서 패스트 패션(유니클로, 자라), 패스트푸드(맥도날드, 롯데리아), 퀵서비스, 패스트 캠퍼스(교육)와 같이 '빠른'이라는 단어가 들어가는 산업도 발달하고 있는 건 아닐까 싶어.

아빠도 가끔은 잘못된 선택을 하여 돈을 아끼려다가 결국 돈도 더 낭비하고 시간도 더 걸리는 소탐대실을 하고 만 경험이 있단다. 제일 저렴한 버스를 탔다가 고장이 나서 결국 숙박비와 식비를 추가로 지불하고 그다음 날 도착하는 경험 같은 황당한 경우 말이야. 지금은 그러한 시행착오를 거쳤기 때문에 처한 상황에서 최선의 선택을 한다.

우리는 향후 일정에 변화가 생겨 원래 4개월 넘게 하려 했던 남미 일정을 2개월 만에 마치고 중앙아시아의 우즈베키스탄으로 변경해야 했지. 남미는 대륙도 크고 나라들도 넓어서 장시간의 버스 이동은 기본이라 이동 시간이 여행의 큰 부분을 차지해. 이미 경험으로 너희도 알 거야. 그래서 과감히 스케줄을 조정하여 버스는 줄이고 대부분 비행기로 이동하기로 결정했지. 즉, 돈으로 1개월의 시간을 산 거야. 그렇게 해서 우리들이 가보고 싶어 했던 보고타, 마추픽추, 우유니 사막, 에콰도르 적도 박물관, 액티비티 천국 바뇨스, 환상적인 서핑을 할 수 있었던 몬타니타, 탱고의 부에노스 아이레스, 엘칼라파테, 이과수 폭포, 리오데자네이로, 상파울로 등을 예정대로 보고 느낄 수 있던 거란다. 비행기로의 스케줄 조정으로 예상보다 비용 지출은 커졌지만, 우리는 1개월의 시간을 잘 구매해서 몸도 덜 피곤하고 우리가 하고자 하는 스케줄을 대부분 소화하는 기분 좋은 결과를 만들어 낸 거지.

다른 각도에서의 시간을 돈으로 샀다고 할 수 있는 경우도 얘기해 줄게. 아빠가 직장 생활을 할 때의 일인데, 업체 회의를 하러 가는 중인데 거의 도착했을 무렵이었어. 사고인지 공사인지 모르지만 차가 막혀서 중요한 약속시간을 지킬 수 없는 처지에 놓인 거야. 뛰어가면 5분 안에는 갈 수 있는 거리라, 아빠는 어떤 비용이 발생하더라도 차를 갓길에 두고 가기로 결정했단다. 인도에 큰 불편이 없도록 잘 주차하고 가려는데, 마침 경찰이 와서 스티커를 발부한다고 하여 상황을 설명하고 뛰어가기 시작했지. 다행히 중요한 미팅에 늦지 않았고 결과도 나쁘지 않았단다. 다시 주차한 곳으로 가 보니 차는 있는데 다행히도 과태료 스티커는 없더구나. 경찰아저씨의 배려로 큰 비용 없이 시간을 잘 사서 활용한 경우였다.

그 외에도 하루 일과를 마치고 아주 피곤할 때 버스보다는 택시를 타고 가면 집에도 빨리 도착할 수 있고, 그동안 편하게 쉬면서 가는 것도 시간을 돈으로 사는 것이라 볼 수 있지. 그리고 요즘 영화를 보든 식사를 하든 미리 예약하는 시간만 투자하면 현장에서 줄 서서 기다리지 않아도 되니, 그 기다리는 시간만큼을 돈으로 사는 것이라고 볼 수 있단다. 시간을 돈으로 사는 것은 시간 관리와도 아주 밀접한 관계가 있지. 효율적으로 시간을 관리하는 것이 아주 중요한데, 가끔 관리가 힘들어지는 순간이 있다면 돈이 중요한지 시간이 중요한지를 판단해서 필요하다고 생각되면 돈으로라도 시간을 사는 방법을 선택해야 한단다.

아들아, 우리에게 주어진 똑같은 24시간을 소중하게 여기면서 1분 1초를 의미 있고 보람 있게 보내기를 바라. 그래서 꼭 너희들 스스로 시간에 끌려가는 사람이 아닌, 시간을 통제하고 이끌어 가는 사람이 됐으면 해.

 시간은 금이다. 돈으로 시간을 사라.

시간을 살 금을 어떻게 모아요?

생애 최고의 일몰

남미를 여행하면서 꼭 들러야 할 장소 중 하나가 볼리비아에 있는 우유니 소금 사막이란다. 그래서 남미 일정을 계획하면서 보니, 볼리비아 우유니 사막에 대한 찬사를 많이 발견할 수 있었지. 특히 새벽하늘과 해가 뜨고 지는 것들에 대한 아낌없는 감동에 대한 글들이 많았어. 혹시 모를 실망이 클 수도 있어서 기대를 가능한 줄이고 우유니로 가기 위해 볼리비아 수도인 라파즈로 향했지. 안데스 산맥 높은 곳에 위치한 수도 라파즈는 해발고도가 3,700m로, 또 고산증세가 있어 모든 일정을 취소하고 바로 우유니로 향했단다.

오스트리아와 콜롬비아에서 보았던 소금 광산 기억하지? 우유니 사막 또한 소금 광산이 생성된 것과 비슷한 개념으로 만들어진 거야. 아주 옛날 지구의 지각 변동으로 인해 솟아오른 바다가 빙하기를 거쳐 녹으면서 거대한 호수가 되었다가 오랜 세월 건조한 기후로 인해 증발된 곳이 바로 소금 사막이란다. 이 우유니 사막은 다른 곳으로 물이 배수되지 않는 지형적 특성 때

▶ 새벽 별을 보는
　삼부자

▶ 배가 남산만 한
이유가 있었군….

▶ 삼부자는 진화중!

문에 비가 오는 우기에만 물이 고여 얕은 호수가 되고 수위가 올
라가면서 소금으로 덮인 수면 위로 하늘이 비쳐져 땅과 하늘이
하나가 된 듯한 장관을 연출하지.

　여러 가지 다양한 투어가 있는데, 우리는 일출 투어와 일몰 투
어를 하기로 했어. 먼저 새벽 2시에 일어나서 해돋이 투어를 갔
지. 해돋이 투어는 새벽에 별을 보고 해 뜨는 것을 보는 투어야.
날은 맑아서 좋았는데, 아쉽게도 달이 있어서 쏟아질 듯 많은

▲ 아름다운 일몰

별은 보지는 못했단다. 하지만 새벽 우유니 사막에서의 달과 별 구경은 신기한 경험을 하기에 충분했어. 지구가 아닌 다른 세계에 온 듯한 기분이 들 만큼 몽환적인 분위기가 연출된단다. 일출이 시작되자 물에 들어가서 사진을 찍는데, 온몸이 얼 정도로 굉장히 추웠지. 춥지만 아름다운 일출을 배경으로 다양한 포즈로 재미난 작품을 만들고 다녔단다.

돌아와 잠시 쉬고 일몰 투어를 하기 위해 우리는 다시 출발했지. 날씨가 조금 흐려서 걱정이었어. 그래도 다행히 모두 한국인들이고 마음도 잘 맞아서 즐겁게 다닐 수 있었지. 좋은 사람들과 기차의 무덤, 소금호텔 그리고 선인장이 예뻤던 물고기 섬도 구경하고 끝도 보이지 않는 소금 사막에서 다양한 포즈로 많은 사진도 찍었어. 드디어 해가 지기 시작하고 어느 순간 하얗던 사막과 하늘이 같은 색으로 변하는가 싶더니, 그 사이로 붉은 노을이 스며들면서 파스텔 빛으로 변하기 시작했어. 이유는 잘 모르겠지만 갑자기 김영랑 님의 시 「오매 단풍들것네」가 생각나는구나. 붉게 물든 노을의 이 장관을 너희에게 마음껏 즐기라고 얘기해 주고 싶었나 봐.

아빠와 너희들 모두 이제까지는 아프리카 세렝게티의 일몰이 가장 아름답고 감동적이라 생각했었지. 그러나 이렇게 우유니의 일몰을 마주하니, 그 어떤 말로도 아름다움을 표현할 수 없어서 그냥 감탄사만 연발할 뿐이었어. 특히 날씨가 조금 흐려 구름 덕분인지 시시각각 바뀌는 형형색색의 구름과 색의 흐려짐

과 짙어짐은 정말 황홀함 그 자체였지. 가끔 하늘의 구름 색은 무지개를 닮기도 하고 초대형 나이트 클럽의 사이키 조명같다는 생각도 들고 말로 형언할 수 없는 아름다운 색으로 덧칠하기도 했어. 이 행복감이란…. 이런 장관을 너희들과 보는 것이 눈물 날 정도로 행복해 가슴이 벅차오르는구나. 너희는 사진과 동영상을 찍으면서도 "우~와, 우~와!"만 계속 외치고 뛰어다녔었지. 너희들 눈에도 미치도록 경이롭고 아름다운 일몰로 보이는 것 맞지? 항상 이런 행복한 기분으로 잘 살았으면 좋겠구나.

아들아, 오늘 우리가 본 황홀한 일몰은 날씨가 흐려서 구름이 있었기 때문이란다. 맑은 날이었다면 깨끗하고 어느 정도 멋있었겠지만, 심심한 노을이었을 거야. 하지만 구름이 이동하면서 만들어 내는 다양한 모양과 고운 빛을 받아서 일생일대 최고의 일몰을 볼 수 있었다고 생각해. 우리 인생살이도 마찬가지란다. 맑은 날처럼 넘어지지도 않고 실패도 없고 고생도 없다면, 언제나 똑같은 특별한 감흥이 없는 재미없는 삶일 수도 있지. 그래서 너희의 삶을 가장 멋있게 즐기기 위해서는 적당한 구름과 맑은 하늘의 조화가 필요한 것처럼 너무 편하고 쉬운 것만 찾기보다 어렵고 버겁고 힘들지만 도전정신으로 최고의 노력을 보탠다면 가능할 거라 믿는다. 익숙함에 더 이상 안주하지 말고 불편함과 어색함에 도전하면 너희가 원하는 삶을 살게 될 거야. 그래서 매일매일 달라지는 일몰처럼 너희 인생도 매일 다양하고 재미있게 살아갔으면 좋겠고, 매일 아침마다 변화무쌍한 하루를 기쁘게 두려움 없이 받아들이기를 바란다.

 최고의 일몰은 구름에서 나온다.

아빠! 구름과 태양이 얼싸안고 움직이는 것 같아요!
살아 있는 일몰은 처음이에요!

아르헨티나 Argentina ___

세계에서 가장 아름다운 서점

우리는 오늘 '남미의 파리'라고 하는 부에노스아이레스 시내 투어를 하는 날. 부에노스아이레스는 아빠 기준으로 탱고, 에바페론(에비타), 소고기, 〈엄마 찾아 삼만 리〉 등으로 유명하단다. 우리는 '장밋빛 집'이라는 의미를 가진 카사로사다(대통령 궁)을 둘러보았어. 우리가 함께했던 인도 자이푸르의 핑크시티와 비슷한 느낌이었지. 그리고는 궁 앞의 5월의 광장이라는 공원에도 들렀어. 스페인과 프랑스의 영향을 받은 건축물들이 광장 주변으로 그 자태를 멋지게 뽐내고 있더구나. 마치 그 건출물들과 부에노스 아이레스를 오벨리스크가 높은 곳에서 지켜보고 있는 듯했지.

그리고 5월 광장 가까이에 있는 가장 오래된 카페 토르토니(Cafe Tortoni)에서 유명한 탱고 공연도 보았지. 직접 배워서 함께 춤추고 싶은 생각이 간절하구나. 나이 제한이 있어서 입장하지 못하는 너희와 현지에서 만난 한국 친구들이 카페에서 실뜨기 놀이 등으로 시간을 보내 준 덕분에, 아빠는 편하게 탱고를 즐길 수 있었단다. 탱고의 도시답게 거리 인도에 가끔 탱고 스텝

▲ 전혀 묘지 같지 않은 레콜라타

을 만들어 둔 덕분에, 직접 쇼는 구경을 못했지만 너희도 몸으로 탱고 춤을 느끼는 시간을 보낼 수 있었지.

그리고 전 세계에서 가장 예술적인 묘지라는 레콜라타 묘지(Cemeterio de la Recoleta)로 향했어. 아르헨티나의 대통령들과 특히 여배우와 영부인으로 유명했던 에바페론도 잠들어 있는 곳이지. 그곳은 묘지가 아니라 마치 작은 중세 유럽도시를 옮겨 놓은 듯 화려함을 자랑했어. 이곳에 묻히려면 5억 정도의 큰돈을 기부해야 한다고 해. '레콜라타'의 의미가 정신적인 묵상을 하러 가는 장소라는데, 묵상보다는 '죽어서까지 이렇게 경쟁하면서 누워 있어야 할까?'라는 슬픈 생각이 들더구나.

일정 중에 너희를 위해 꼭 포함해 둔 엘 아테네오 그랜드 스플렌디드(El Ateneo Grand Splendid)에 갔어. 말 그대로 아주 큰 규모를 자랑하는 세계에서 가장 아름다운 서점 중의 하나란다. 일단 외관도 보통 우리가 아는 서점의 건물이 아니라 마치 스페인의 중세도시 건물처럼 보였어. 아주 고풍스럽고 멋있었지. 유명한

건축가 페료와 토레스의 설계로 100여 년 전에 오페라 극장으로
처음 시작해서 영화관으로 바뀌었다가 2000년에 들어서 현재의
서점으로 변경했단다. 예전에 객석으로 사용했던 곳도 책으로
채워졌거나 편안한 예전 황제 자리에 앉아서 책을 볼 수도 있었
지. 구조도 편하게 잘되어 있고, 휴식공간 및 앉아서 읽을 수 있
는 곳도 잘되어 있으니 책을 사거나 음악 CD를 사고픈 생각이
절로 들더구나. 우리는 그곳에서 예전의 편안한 황제 자리에서
쉬는 시간도 가지며 여유롭게 보냈단다.

　아들아, 책은 항상 가까이해야 한단다. 실제로 많은 경험을
하는 것도 중요하지만, 모든 경험을 할 수 없는 만큼 우리는 책
을 통해서 그 부족한 경험을 채울 수 있기 때문이지. 특히 너희

처럼 아직 어린 시기에는 더욱 책 읽기가 중요하단다. 책을 가까이하면 재미있게 시간을 보내거나 뜻깊은 시간을 보낼 수 있고, 사고력과 상상력을 키우고, 살아남기 시리즈에서처럼 새로운 정보 및 지식도 얻을 수 있어. 물론 도서관이나 서점에서 꽤 긴 시간을 책만 보는 것이 처음에는 힘들지만, 차츰 적응해 가고 습관을 들이면 지루하거나 힘들었던 순간이 어느덧 행복한 순간으로 바뀐단다.

너희는 학원을 다니지 않는 대신에 주말에는 주변 도서관에서 시간을 보내곤 했지. 아빠의 권유 때문에 따라가기는 하지만, 막상 책을 읽기 시작하면서는 흥미를 가지고 제법 몇 시간씩 의자에 잘 붙어 있었던 것을 아빠는 기억해. 또 어떤 날은 집에 가자고 해도 읽고 있던 책을 마저 읽고 나중에 가자고 한 적도 있었단다. 그러면서 책에 익숙해지고 너희들도 모르는 사이에 작은 생각들과 지식이 커지고 마음도 단단해지는 거야. 아빠는 너희가 게임과 책 읽기를 함께하는 균형 있는 생활을 하기를 기대해. 그리고 아빠도 매일 함께 실행할 건데, 매일 10분만이라도 책 읽는 습관을 갖도록 하자.

 도서관과 서점에서 책을 가까이해라. 정신이 풍요로워진다.

책을 읽으면 재미있는데, 이상하게도 도서관에는 잘 안 가게 돼요.

아빠는 요리사

우리는 지금 아르헨티나 엘 칼라파테에 있어. 페리토 모레노 빙하를 보러 오는 중요한 이유도 있지만, 또 다른 큰 이유도 있지. 그것은 바로 맛있다고 소문난 아르헨티나의 소고기를 먹기 위해서야! 어쩌면 우리의 여행은 장소를 옮겨 다니면서 다양한 요리를 맛보는 음식 여행인 듯싶구나. 그래서 오늘은 너희에게 음식 이야기를 해 볼까 해. 아직은 어리지만 지금부터라도 음식에 관심을 가지고 기본적인 요리 몇 가지를 하거나 요리하는 것에 대한 두려움을 없앤다면, 앞으로의 학교와 사회생활에 다양하게 도움이 될 것이라 믿어.

인도에서의 첫날 아침을 우리는 사모사로 먹었던 것, 기억하니? 하지만 승빈이는 입맛에 맞지 않아서 거의 먹지를 못했지. 찬형이는 아빠처럼 가리는 음식 없이 무엇이든지 잘 먹었지만, 승빈이는 김치도 잘 먹지 않고 햄이나 소시지 등 가공식품 종류를 주로 좋아했었어. 하지만 "로마에 가면 로마법을 따르라"고 했듯이 우리들이 가는 나라에서는 그들의 문화나 풍습을 존중하고 음식도 적극적으로 시도하려고 노력했단다. 그 결과 찬형이는 여전히 모든 음식에 도전하며 현지인처럼 잘 먹었고, 승빈이도 웬만한 나라의 전통음식은 모두 시도했고 아이러니하게도 김치와 된장 없이는 밥을 못 먹는 한식 마니아가 되었지. 그런 결

▲ 베를린에서 기억에 남는 아이스 바인

과가 있기까지 아빠는 난생 처음으로 많은 음식에 도전하고 실패하면서 음식과 요리에 많은 시간을 투자했단다.

아빠의 요리는 유럽 캠핑의 첫 나라인 룩셈부르크에서부터 시작되었지. 파리의 한인마트에서 다양한 부재료를 구입했지만, 첫 번째 음식은 간단한 등심구이였어. 그때까지만 해도 끼니를 해결한다는 것에 의미가 있었기에 최대한 간단하면서 칼로리가 높은 고기 굽는 것으로 시작했던 거야. 그 이후로도 나라별 다양한 고기 사랑은 계속되었고, 결국 소문 따라 이곳 아르헨티나까지 소고기를 사 먹으러 오게 된 거란다.

원래 전체 일정 중 아빠 계획은 유럽에서만 캠핑하면서 음식을 해 먹는 것이었어. 하지만 시장도 자주 보고 요리하느라 힘들지만, 비용과 편리성으로 인해 나머지 일정에서도 가능한 숙소에서 식사를 해결하는 것으로 했단다. 물론 너희가 아빠 음식을 좋아해 준 이유도 한몫했지. 그래서 요리 관련 기본적인 도구들도 구입하고, 숙소를 구할 때는 항상 키친을 사용할 수 있는 곳으로 했단다. 덕분에 공동 키친에서 요리하면서 다양한 국적의 배낭여행자들과도 친해지고 음식도 나누고 덤으로 좋은 여행 정보도 얻는 시간을 보낼 수 있었지.

아빠가 음식을 직접 해 보니 처음에는 두려움이 있었지, 요리하는 것이 그리 어렵지 않다는 것을 느꼈어. 요리는 간만 잘 맞추면 어떤 요리도 잘할 수 있다는 것을 알게 되었지. 아빠는 된장과 소금으로 모든 음식의 간과 맛을 조절하고 맛있게 먹었던 기억이 나는구나. 세계 어디를 가든 된장, 소금, 고춧가루만 있으면 모든 음식을 한식화해서 잘 먹을 수 있을 것 같아. 우리에게 제일 소중했던 된장은 각 나라의 한국슈퍼에서 사기도 했지만, 대부분 엄마와 삼촌이 우리와 함께했을 때 가져온 재래된장으로 아껴 가며 요긴하게 잘 사용했어.

된장은 단백질이 소고기의 2배, 불포화 지방산 풍부, 항암효과, 항산화 효과, 해독작용 등 말로 표현하기에는 부족할 만큼

▲ 비엔나의 점심 도시락   ▼ 설거지는 순번대로….

많은 효능이 있으니 앞으로도 된장 사랑을 계속했으면 좋겠구
나. 효능 많은 된장인 만큼 아빠는 고기 쌈장, 된장국, 간단한
나물, 라면, 비빔밥, 찌개, 샐러드 등 다양한 음식에 만능으로
사용해서 요리를 완성했지. 물론 제한된 재료라 레시피를 단순
화하고 된장과 소금 위주로 나라별 창조적 요리를 하다 망한 적
도 많았지만, 다행히 너희가 고맙게 잘 먹어 주었단다.

　우리가 여행하면서 가장 많이 먹은 것들은 쌀밥, 찌개류, 샐
러드, 된장 라면(현지), 할머니 돈찌개, 삼겹살, 스테이크, 감자
볶음, 다양한 비빔밥, 여러 가지 볶음밥, 카레, 야채 소시지 볶
음, 아이스 바인(독일식 족발), 간단한 겉절이 김치, 계란 말이,

계란 국, 국적 없는 다양한 요리 등이란다. 그럼 아빠가 시도해 보았던 음식들을 간단하게 알려 줄게.

1. 롱그레인으로 차지게 밥하기

해외에서 한식을 먹기 위해서는 가장 기본이 밥하는 것이란다. 밥만 있으면 고추장, 된장 등 장류만으로 비벼서도 먹을 수 있고, 어떻게든 한 끼를 해결할 수 있지. 쌀을 주식으로 하는 나라마저도 우리나라 쌀과는 달라서 밥을 하면 밥알이 날리는 등 익숙한 밥하기가 쉽지 않았단다. 아빠도 유럽에서 시작한 밥하기부터 시행착오를 거듭했지. 처음에는 파리 한인 마트에서 쌀을 구입했기 때문에 좋은 밥에 적당한 반찬으로 한식 입맛을 달랠 수 있었지만, 그 이후로는 현지 쌀로 밥하는 것이 만만치 않았어. 유럽과 아프리카를 거치면서는 나름 노하우가 생겨 북미와 남미에서는 그나마 저렴한 쌀로도 먹을 만한 밥을 지을 수가 있었지만 말이야.

롱그레인으로 편하게 찰진 밥을 하려면 비싼 일식 스시용 쌀을 30% 정도 섞으면 된단다. 스시용 쌀이 비싸거나 없을 때는 먼저 보통 밥 지을 때보다 물을 40% 더 부어 주고 소금과 식초를 조금 넣어 주어야 해. 그리고 밥이 끓은 후에는 불을 50%로 줄여 주고 10분 정도 더 두면 그나마 찰진 밥을 먹을 수 있지. 가끔은 물을 넉넉히 넣고 뚜껑을 열고 끓을 때부터 계속 저어 주면서 밥을 해도 먹을 만하게 잘되었단다.

2. 할머니 돈찌개

아빠 고향집에서 할머니가 자주 해 주시던 음식이라 우리가 '할머니 돈찌개' 또는 보성돈찌개라 새롭게 이름을 붙인 요리야. 레시피는 아주 간단한데 시원하고 맛있는 신기한 요리이지. 꽤 자주 먹었는데도 질리지 않고, 우리에게 언제나 새롭게 만족감을 주는 음식이었어. 조리법은 아주 간단해. 돼지고기 앞다리살, 양파 듬뿍, 된장, 마늘, 고춧가루만 넣고 끓이면 최고의 음식이 탄생하지. 우리는 된장이 귀하다 보니 넉넉하니 넣지 못해 소금으로 간을 해서 한식이 미치도록 그리울 때 이 음식 하나로 모든 힘듦과 향수병을 날려 버릴 수 있었단다.

3. 아보카도 비빔밥

아보카도 비빔밥은 우리도 주로 남아메리카에서 해 먹었던 별미야. 캘리포니아 롤로 인해 알게 된 아보카도는 아빠가 20대부터 좋아하는 과일이란다. 과일인데 그냥 그 자체로는 아무 맛이 없지만, 다른 재료와 함께하면 독특하고 잊을 수 없는 맛을 내지. 아보카도가 한국에서는 수입품이라 비싸지만 남미에서는 20%의 가격이라 콜롬비아에서 우연한 기회에 처음 먹은 후에 각 나라별로 자주 해 먹었고, 이곳 아르헨티나에서도 반찬이 없을 때 간단하게 한 끼를 해결하고 있지. 요리법은 조금 된밥에 아보카도 반 개, 계란 프라이, 참기름, 그리고 소금이나 간장만 넣으면 되고 김이나 기타 재료가 있으면 넣어도 된단다. 이 요리를 위해 남미에서는 참기름을 소중히 아껴서 먹고 있는 중이야.

4. 카레

카레는 아빠가 가장 편하게 생각하는 요리야. 그냥 기본 야채 준비해서 볶고 카레만 넣어서 끓여만 주면 되는 간단한 음식이기 때문이지. 처음 시도할 때는 긴장과 걱정을 했지만, 막상 해 보니 어렵지 않게 잘 만들 수 있었단다. 더구나 카레는 간 보호와 탁월한 해독작용, 심장병 예방에 좋고 특히 신진대사를 활발히 해 주어 다이어트에도 효과적이란다. 그런데 찬형이 넌 왜 인도와 유럽에서 카레를 많이 먹었는데도 살이 쪘을까? 그것이 알고 싶다! 하하하! 카레는 당근, 양파, 감자, 파프리카 등 기본적인 야채를 깍둑썰기하고 돼지고기나 소고기와 함께 프라이팬에 볶다가 물과 카레가루를 넣고 끓이면 끝나고, 양을 많이 해서 2~3끼 먹기에도 편한 음식인 듯싶어.

5. 겉절이 김치

이번 여행으로 삼부자 모두가 김치를 더 사랑하게 되었고, 어느덧 없으면 못 사는 음식이 되었단다. 특히 승빈이 너는 입맛이 한식 입맛과 더불어 어른 입맛으로 변하게 되었는데, 김치가 한몫했지. 김치의 소중함으로 대도시나 한인마트 정보가 있으면 제일 먼저 찾아가서 김치부터 살 정도였어. 하지만 모든 나라와 도시에서 구할 수는 없어서 아빠는 간단한 김치 만들기에도 도전했지. 김치도 연구해 보니 그리 어렵지만은 않은 듯해. 김치는 발효식품으로, 발효 과정에서 생긴 유산균은 소화도 잘 되게 하고 장도 깨끗이 해 주고 항암 및 고혈압 예방도 하는 등 맛도 있고 건강에도 아주 좋다는 것을 공부로 알게 되었단다.

한국이 아니다 보니 제대로 된 김치를 만들어 먹기에는 재료가 제한적이어서 아빠는 간단하게 겉절이를 주로 했었지. 김치 샐러드라고 해도 좋을 듯해. 그중에서 가장 많이 해 먹은 것이 배추와 상추 겉절이란다. 여행하면서 구할 수 있는 것이 각종 야채인데, 아빠는 우리나라에서 먹었던 비슷한 배추와 열무 같은 야채만 있으면 일단 사서 간단하게 된장을 위주로 버무려서 한 끼를 해결하곤 했지. 배추와 열무 겉절이는 씻어서 적당한 크기로 자르고 된장, 마늘 그리고 어느 도시에서나 쉽게 구할 수 있는 양파를 넣어서 주물러 주면 끝이고, 혹시 고춧가루나 귀한 참기름이 있다면 한두 방울 더해 주면 더 맛있게 먹을 수 있단다.

상추겉절이는 우리가 주로 고기쌈 먹고 나면 남을 때 자주 해 먹은 것으로 간장, 마늘, 고춧가루만 넣어서 버무리면 끝이지. 모든 겉절이에 깨가 있으면 훨씬 비주얼도 좋고 맛도 배가되니 기회가 될 때 구해 두면 요긴하게 사용할 수 있단다. 혹시라도 김치를 구할 수도 없고 바로 만들기도 어렵다면 양파를 적당하게 잘라서 절이거나 올리브, 할라피뇨, 오이장아찌도 김치 대용으로 좋아.

6. 고기, 고기, 고기

여행하면서 가장 간단하게 잘 먹을 수 있는 것이 각종 고기 요리란다. 고기와 함께 야채도 많이 먹기 때문에 전체적으로 균형 잡힌 영양소를 섭취할 수 있었지. 특히 대부분의 나라에서 저렴하게 이용할 수 있고 칼로리도 높아 1석 2조라 할 수 있단다. 삼겹살과 스테이크는 제일 자주 먹었었고, 현지인들이 잘 먹지 않는 등뼈나 갈비 등은 다른 부위에 비해 더 저렴해서 현명한 식단을 운영할 수 있었어. 독일에서는 아이스 바인을 직접 잘 요리해서 새로운 맛을 경험했었지. 그리고 디즈니 월드에서 점심으로 소갈비 한식 도시락을 먹었던 추억을 가지고 있는 사람이 얼마나 될까? 너희는 김치 냄새 때문에 조금은 조심스러워했지만, 만족도는 아주 높아서 오후 일정도 에너지 넘치게 보낸 기억이 있을 거야.

삼겹살이 없는 도시에서는 비계 있는 돼지고기를 사서 60% 정도 냉동 후 조금 두껍게 자르면 싸고 먹음직스럽게 만들 수 있단다. 그리고 고기에는 된장만 있으면 되지만, 혹시 없다면 소금으로도 만족스러운 식사를 할 수 있지. 하지만 고기를 너무 많이 섭취하면 몸의 불균형이 올 수 있기 때문에 횟수를 조절하고 야채도 많이 먹는 습관을 들이기를 바란다.

7. 기타

우리가 가끔씩 간단하게 먹었던 비빔밥과 볶음밥은 각종 야채나 고기, 참치 캔, 소시지 등을 넣어서 비비고 볶으면 만족스러운 한 끼를 만들 수 있단다. 이것은 어떤 나라에서나 가능한 재료를 구해서 하면 되니, 요리하기 힘들거나 시간이 없을 때 해 먹으면 행복과 포만감을 안겨 줄 거야. 끝으로, 음식 만들 때 간 맞추는 것이 중요한데 일반적으로 넣는 순서는 설탕, 소금, 식초, 간장, 된장, 고추장이라고 하니 음식 할 때 잘 기억해서 해 보기 바란다.

아들아, 지금은 세상이 많이 변해서 아빠 시대와는 달리 남자가 요리하는 것은 사회적으로 당연하게 받아들여지고 있단다. 이번 여행을 계기로 아빠도 요리에 자신감을 갖게 되었지만, 너희들도 요리에 대한 두려움을 없앴을 것이고 양파 까기, 마늘 까기, 설거지하기 등 다양하게 참여하면서 입문했다고 생각한다. 살아가면서 특히 여행하면서 먹는 것은 아주 중요하단다. 항상 스케줄 계획할 때 식사는 어떻게 할지도 미리 감안하고 하루를 보내는 습관을 들였으면 좋겠구나.

 요리를 할 줄 알면 인생이 더 즐거워진다. 잘 먹는 사람이 육체적으로 건강하고 정신건강까지 챙길 수 있으니 잘 먹어라!

먹을 때마다 항상 행복해요!

● 우리 애들이 커졌어요! ●

힘들어서 많이 먹었을까?
아빠 음식이 맛있어서 많이 먹었을까?

찬형이가 커졌어요!

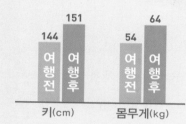

찬형이의 티셔츠가
훨씬 짧아지고 작아졌어요!

승빈이가 커졌어요!

한눈에 봐도 쭈욱~ 쭉~ 길어진
승빈이의 다리길이!

여행을 마치며

오늘 하루 한바탕 웃음으로 살자

아들아, 그동안 수고 많았다. 우리는 이제 세계 여행을 마치고 무사히 잘 도착했단다. 우리 모두에게 큰 박수를 보내자. 그리고 여행 중에도 그랬던 것처럼 크게 웃어 볼까? 그래, 그렇게 아주 크게! 지난 우리의 여행을 돌이켜 보면 아마도 아빠는 너희의 웃음으로 인해 힘든 여정도 잘 견디고 마무리한 듯싶어. 참지 못하는 너희들의 웃음이 아빠에게는 큰 명약인 셈이었지. 너희는 거의 언제나 불평 없이 마냥 웃으며 여행을 했단다. 일어나자마자 웃으면서 장난을 치고, 이동하는 기차나 버스 안에서도 유쾌하게 웃고, 식사 중에도 웃고, 또 자기 전에도 둘이서 한참을 웃으며 놀다가 잠이 들곤 했지. 나이가 들어가면서 웃음이 적어지고 특히 여행하면서 일정 준비하느라 웃음이 적어진 아빠는 그나마 매일 너희들 웃음으로 인해 미소 지을 수 있었단다. 그 순간들이 아빠는 많이 고마웠고 행복한 순간이었어.

요즘에는 학생이나 직장인이나 예전처럼 웃음이 적은 시대에 살고 있지. 학교나 조직에서 정적인 것보다는 목표 지향적이고 결과 지향적인 것만을 추구하다 보니 자연스럽게 경쟁은 치열해지고 인간관계는 소원해졌단다. 그래서 세상살이에 재미를 느끼지 못하는 사람들이 늘어나고, 우울증에 걸린 사람도 늘어나고 있는 추세이지. 그러다 보니 웃음치료사와 같은 새로운 직업도 생기고 관련 산업규모도 커지고 있다고 해. 다행스럽게 아직 너희는 어린이들이 가지고 있는 천진난만한 웃음을 잃지 않고 매일 잘 웃어서 아빠는 참 좋구나.

웃다 보면 너희들 삶도 잘 풀릴 거야. 그래서 오늘은 마지막으로 웃음에 대해 얘기하고 싶구나. 이미 너희는 아주 잘 웃으며 살고 있어. 오히려 아빠가 조금 더 신경 쓰고 노력해야 할 부분이라는 생각은 들어. 웃음은 닫힌 세계에서 열린 세계로, 혼자가 아닌 함께 소통하는 방향으로 나갈 수 있게 해 주고, 열린 사고를 하도록 하여 창의력을 키워 주고, 친구들 또는 가족 간의 갈등을 완화시켜 주고 불필요한 마찰을 줄여 주는 윤활유 같은 구실도 한단다.

웃음 하나로 이렇게나 많은 효과가 있다니, 참으로 놀랍지? 그리고 아빠는 웃음이 사람을 긍정적으로 변화시키는 가장 큰 역할을 한다고 굳게 믿고 있어. 기분이 나쁘고 힘들어도 조금 웃으려고 애쓰다 보면 좋은 쪽으로 생각들이 기울게 된단다. 아마도 웃음은 매운 음식과 비슷한 것 같아. 슬프거나 힘들 때 매운 음식을 먹으면 자연스럽게 밝아지고 긍정적으로 되는 것처럼 말이야. 차이라면 웃음은 내 자신 스스로 의지를 가지고 만들어 갈 수 있다는 거지. 그리고 나의 웃음은 상대방에게도 긍정적인 영향을 미치고 다시 나에게 돌아오는 좋은 현상이 끊임없이 되풀이되는 선순환 구조를 만들 수 있단다.

예전에 어느 강의에서 들었던 '웃음 10계명'이라는 것이 있어. 함께 웃어 보고 함께 실천해 보자.

1. 크게 웃을수록 더 큰 자신감을 만들어 준다니 크게 웃어라.
2. 억지웃음에도 병은 도망간다니 억지로라도 웃어라.
3. 아침에 첫 번째 웃는 웃음이 보약 중의 보약이라고 하니, 일어나자마자 웃어라.
4. 시간을 정해 놓고 규칙적으로 웃고, 그 시간을 늘려라.
5. 얼굴 표정보다 마음 표정이 더 중요하니 마음까지 웃어라.
6. 즐거운 웃음은 즐거운 일을 창조한다니 즐거운 생각을 하면서 웃어라.
7. 혼자 웃는 것보다 함께 웃어라. 좋은 효과는 배가된단다.
8. 힘들 때 더 웃어라. 힘듦이 반감된다.
9. 한 번 웃고 또 웃어라.
10. 꿈과 웃음은 한집에 산다고 하니, 꿈을 이루었을 때를 상상하면서 웃어라.

그리고 웃음과 함께 유머 감각도 갖췄으면 좋겠구나. 아재개 그든 예전의 식상한 시리즈 유머든 누군가가 유머를 던진다면, 그 사람은 분명 흥이 있는 긍정적인 사람이니 적극적으로 더 웃 어 주길 바란다. 그러니 부디 아빠의 아재개그도 박장대소로 웃 어 주기를 기대할게. 현재도 미래에도 학교나 직장에서는 유머 있는 사람이 유연하고 긍정적인 사고로 남들과 잘 어울리고 형 식에 얽매이지 않는 창의적인 사람이라는 평가를 받을 거란다.

아들아, 웃자! 가슴을 활짝 펴고 한바탕 크게 웃어 보자! 내일 은 생각하지 말고 오늘만 생각하고 오늘을 위해 한바탕 웃자!

10대 자녀를 둔 부모님께

행복하시나요?

저는 아이들과 여행하면서 솔직히 제 몸은 힘들었지만 모든 순간들이 행복했습니다. 처음 이성 친구를 사귈 때의 설레는 마음보다 아이들이 훨씬 더 사랑스럽고 흥분되고 매일 보는데도 지겹지 않고 서로 알아 가고 배워 가는 시간이 소중했습니다. 심지어 저는 제 자신이 세상에서 제일 소중한데도 이 아이들을 위해서는 저와 바꿀 수도 있다는 생각까지 들 정도였습니다. 저는 회사를 그만두고 애들은 학교를 그만두는 큰 결단으로 이런 기쁨과 행복을 느꼈다는 것이 큰 행운이라고 생각합니다. 다행히 두 아들도 크게 아프지도 않고 잘 따라 주었고, 함께하는 시간이 행복했다고 합니다.

10대 자녀를 두신 분들은 자녀와 함께 장기 여행을 또는 힘들면 3일이나 5일이라도 장소는 어디든 상관없이 온전히 하루 24

시간을 함께해 보시기를 추천합니다. 저도 이제까지 살아오면서 그 어떤 누구와도 짧은 시간이든 긴 시간이든 완전하게 3일 이상을 자고 먹고 돌아다니면서 시야 안에서 함께한 적이 없었습니다. 부모님, 가족, 친구, 직장동료, 심지어 아내와도 그런 적이 없었습니다. 아마 대부분 그런 경험을 하기란 쉽지 않을 겁니다. 3명의 각기 다른 인격체이지만 하나로 연결된 한 사람처럼 아침식사부터 화장실 그리고 잠까지 한 번도 시야에서 사라진 적이 없었습니다. 특별하고 신기하고 행복한 순간들을 경험하실 수 있을 것입니다.

그리고 저의 아이들을 통해 저의 어린 시절을 다시 볼 수 있는 소중한 시간이기도 합니다. 직장으로 학교로 바쁘겠지만 우선순위를 가장 높게 하시고 마음만 먹으면 가능하니 바로 실천해 보시길 바랍니다. 그러한 여행을 통해서 운 좋게 또 다른 삶의 기회를 찾을 수도 있지 않을까요? 현재 생활에 변화를 주고 새로운 무엇인가를 한다면 더 즐거운 인생을 살 수 있다고 생각합니다.

이 시대의 30~40대 가장은 조직에서의 역할 확대와 가정에서의 책임 증가로 인해 많은 분들이 힘든 시간을 보내고 있습니다. 저 또한 더 큰 책임을 맡았는데, 제 능력의 한계를 느껴 새로운 삶을 살기 위해 조직을 나왔습니다. 가장들도 힘들지만 많은 어린 학생들도 경쟁에 내몰리면서 상상하기 힘든 학교생활을 하고 있습니다. 아이들이 힘든 것은 아마도 부모님의 "우리 아이만은 잘될 거야."라는 강한 믿음 때문일 것입니다. 하지만 그 믿음은 매번 복권 1등에 당첨되는 상상을 하는 것처럼 잘못된 착각일 수도 있다고 생각합니다. 그래서 저는 아이들 스스로 경험을 통한 고민과 사색으로 자기 인생에 대한 판단을 내릴 수 있도록 거리를 유지한 채 지켜보고 가끔 잔소리 정도를 하고 있습니다.

저희 아이들이 아직까지는 행복하다고 해서 다행입니다. 학교에 가고 싶어 하고, 학교에서 놀고 배우는 것이 즐겁다고 합니다. 아마도 학습지를 포함해서 어떤 학원도 다니지 않기 때문에 새롭게 지식 등을 배우는 수업시간이 재미있나 봅니다. 책 속에서도 언급했듯이 저는 애들에게 공부를 강요하지는 않고 "꼴등은 괜찮지만 빵점은 안 된다."는 것을 강조하고 "수업시간에 70% 이상은 이해할 수 있도록 노력하라."고 합니다. 그리고 항상 얘기해 줍니다. "너희 인생은 너희의 책임이니 오늘을 열심히 살아라."라고요.

물론 방목으로 아이들을 키우겠다는 마음을 가지는 것이 물론 쉽지는 않았습니다. 저희도 아이들이 남들보다 좋은 직장에서 좋은 대우받으며 살면 좋겠죠. 하지만 될지 안 될지도 모르는 그 자리 하나를 위해서 초·중·고 시절 12년에 더 나아가서는 대학 4년 또는 그 이상을 친구들과 경쟁하며 여러 학원에서 밤늦게까지 공부하고 심지어 주말에도 공부하는 삶을 살라고는 할 수 없었습니다. 그렇게 한들 여전히 소수만이 일류대학을 가고 그중 소수만이 국내 대기업이나 다국적기업에서 일할 수 있는 기회가 주어집니다.

부모라면 당연히 "자기들 밥값은 하고 살까?" 또는 "험난한 세상을 어떻게 살까?" 등 걱정이 많으실 겁니다. 하지만 저는 어르신들께서 말씀하신 "자기 밥그릇은 다 가지고 태어난다."는 말처럼 사람마다 역할이 다 있으니 어디서든 그 역할을 할 것이라고 생각합니다. 그 역할 찾는 것이 학창 시절에 스스로 해야 할 가장 큰 숙제라는 생각입니다. 그 역할을 찾도록 부모 입장에서는 옆에서 지켜봐 주고 길을 밝혀 주면 될 것입니다. 그리고 대학을 가지 않고도 원하는 삶을 살 수 있고, 원하는 대학을 성적이나 환경적으로 한국에서 가지 못하면 고등학교 졸업 후에 세계 어디든지 가면 된다고 말해 주고 있습니다.

바야흐로 세계는 이미 지구촌으로 변하고 있고 우리 아이들이 성년이 될 쯤이면 국경의 의미가 더 약해질 것입니다. 지구촌에서 잘 살아남으려면 그들의 문화와 언어를 이해하고 정형화되어 가는 글로벌 기준을 배울 필요가 있는 만큼 자녀들로 하여금 언어는 공부가 아닌 생활로 매일 꾸준히 하도록 지도해 줄 필요가 있습니다. 언어 등이 준비가 되든 안 되든 홀로 다른 나라에 가면 고생도 하고 힘들겠지만 "그것이 인생이다."라고 받아들이는 것을 가르치고 있습니다. 처음에는 상상 이상으로 외롭고 지친 시간을 보낼 수도 있지만, 오히려 우리나라보다 훨씬 즐거운 삶을 살 수 있는 기회가 많다는 것도 함께 얘기해 주고 있습니다.

세상은 변할 것입니다. 아니, 우리 모든 아이들을 위해서라도 변하기를 간절히 바라고 있습니다. 그전에 부모님들이 미리 긍정적으로 잘 변한다면, 우리 아이들이 더 편하고 즐겁게 10대를 보낼 수 있을 거라고 봅니다. 특히 저는 우리 부모님들이 행복하게 사는 것에 더 적극적이었으면 합니다. 사실 저도 아들 두 녀석과 여행하면서 더 착해지고 더 열심히 공부도 하면서 살게 되었습니다. 말보다 행동으로 보여 줘야 하는 경우가 많기 때문입니다. 부모가 열심히 행복하게 산다면 자식들은 그것을 보고 자신에게 욕심 내어 열심히 살지 않을까요? 그러면 가족 모두가 행복할 것입니다. 설령 자식이 따라 하지 않으면 그게 또 자식의 삶이니 존중해 주어야 할 것도 같고요. 중요한 것은 아이들도 모두 생각이 있기에, 어느 순간 무엇인가를 느끼면 열심히 할 것이라는 것만 믿어 주고 기다려 주면 될 것 같습니다.

부족한 삼부자의 여행을 통한 넋두리가 하나의 방아쇠가 되어 많은 아들딸들이 더 행복한 마음으로 세상을 살아갔으면 좋겠습니다. 여러분 가족 모두의 행복을 위해 오늘은 자신부터 행복해야 하는 거 아시죠?

오늘도 행복하세요!